国家基本职业培训包(指南包 课程包)

电 工

(试行)

人力资源社会保障部职业能力建设司编制

中国劳动社会保障出版社

图书在版编目（CIP）数据

电工：试行 / 人力资源社会保障部职业能力建设司编制. -- 北京：中国劳动社会保障出版社，2020

国家基本职业培训包：指南包　课程包

ISBN 978 - 7 - 5167 - 4481 - 9

Ⅰ.①电…　Ⅱ.①人…　Ⅲ.①电工 - 职业培训 - 教学参考资料　Ⅳ.①TM

中国版本图书馆 CIP 数据核字（2020）第 067765 号

中国劳动社会保障出版社出版发行

（北京市惠新东街 1 号　邮政编码：100029）

*

三河市华骏印务包装有限公司印刷装订　　新华书店经销

880 毫米×1230 毫米　16 开本　10.25 印张　182 千字

2020 年 5 月第 1 版　2023 年 12 月第 2 次印刷

定价：32.00 元

营销中心电话：400 - 606 - 6496

出版社网址：http://www.class.com.cn

版权专有　　侵权必究

如有印装差错，请与本社联系调换：（010）81211666

我社将与版权执法机关配合，大力打击盗印、销售和使用盗版图书活动，敬请广大读者协助举报，经查实将给予举报者奖励。

举报电话：（010）64954652

编 制 说 明

为贯彻落实《中华人民共和国国民经济和社会发展第十三个五年规划纲要》提出的"实行国家基本职业培训包制度"的要求，大力推行终身职业技能培训制度，推进实施职业技能提升行动，按照《人力资源社会保障部办公厅关于推进职业培训包工作的通知》（人社厅发〔2016〕162号）的工作安排，"十三五"期间，组织开发培训需求量大的100个左右国家基本职业培训包，指导开发100个左右地方（行业）特色职业培训包，到"十三五"末，力争全面建立国家基本职业培训包制度，普遍应用职业培训包开展各类职业培训。

职业培训包开发工作是新时期职业培训领域的一项重要基础性工作，旨在形成以综合职业能力培养为核心、以技能水平评价为导向，实现职业培训全过程管理的职业技能培训体系，这对于进一步提高培训质量，加强职业培训规范化、科学化管理，促进职业培训与就业需求的有效衔接，推行终身职业培训制度具有积极的作用。

国家基本职业培训包是集培养目标、培训要求、培训内容、课程规范、考核大纲、教学资源等为一体的职业培训资源总和，是职业培训机构对劳动者开展政府补贴职业培训服务的工作规范和指南。国家基本职业培训包由指南包、课程包和资源包三个子包构成，三个子包各含有相应培训内容与教学资源。

在征求各地培训需求的基础上，经调研论证，人力资源社会保障部组织有关行业专家编制了首批中式烹调师等10个职业（工种）的国家基本职业培训包（指南包 课程包），并于2017年10月印发施行。

编制说明

在首批中式烹调师等 10 个职业（工种）国家基本职业培训包编制的基础上，2018 年 11 月，人力资源社会保障部继续组织有关行业专家开展第二批电工等 15 个职业（工种）的国家基本职业培训包（指南包 课程包）的编制工作。

此次编制的电工等 15 个职业（工种）的国家基本职业培训包遵循《职业培训包开发技术规程（试行）》的要求，依据国家职业技能标准和企业岗位技术规范，结合新经济、新产业、新职业发展编制，力求客观反映现阶段本职业（工种）的技术水平、对从业人员的要求和职业培训教学规律。

《国家基本职业培训包（指南包 课程包）——电工（试行）》是在各有关专家的共同努力下完成的。参加编写的主要人员有徐杰、董必谨、孙怀荣、张周、陈德领、袁成群、王燕、步晓文、陈建芳、王艳，参加审定的主要人员有李成飞、王建、许志刚、唐培林、张立勇，在编制过程中得到了江苏省盐城技师学院、苏州技师学院、泰州技师学院、镇江技师学院、开封技师学院等有关单位的大力支持，在此一并致谢。

国家基本职业培训包编审委员会

主　任　张立新

副主任　张　斌　王晓君　袁　芳　魏丽君

委　员　王　霄　项声闻　杨　奕　葛恒双

　　　　蔡　兵　张　伟　赵　欢　吕红文

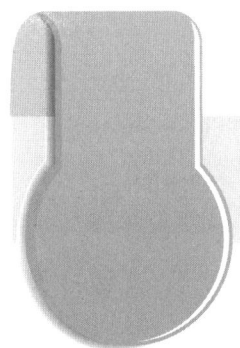

目 录

1 指南包

1.1 职业培训包使用指南 …………………………………………………………002
    1.1.1 职业培训包结构与内容 ……………………………………………002
    1.1.2 培训课程体系介绍 …………………………………………………003
    1.1.3 培训课程选择指导 …………………………………………………013

1.2 职业指南 ……………………………………………………………………013
    1.2.1 职业描述 …………………………………………………………013
    1.2.2 职业培训对象 ………………………………………………………013
    1.2.3 就业前景 …………………………………………………………013

1.3 培训机构设置指南 …………………………………………………………014
    1.3.1 师资配备要求 ………………………………………………………014
    1.3.2 培训场所设备配置要求 ……………………………………………014
    1.3.3 教学资料配备要求 …………………………………………………017
    1.3.4 管理人员配备要求 …………………………………………………017
    1.3.5 管理制度要求 ………………………………………………………017

2 课程包

2.1 培训要求 ……………………………………………………………………020
    2.1.1 职业基本素质培训要求 ……………………………………………020

目录

2.1.2 五级/初级职业技能培训要求	021
2.1.3 四级/中级职业技能培训要求	025
2.1.4 三级/高级职业技能培训要求	028
2.1.5 二级/技师职业技能培训要求	032
2.1.6 一级/高级技师职业技能培训要求	036

2.2 课程规范 ... 038

2.2.1 职业基本素质培训课程规范	038
2.2.2 五级/初级职业技能培训课程规范	042
2.2.3 四级/中级职业技能培训课程规范	051
2.2.4 三级/高级职业技能培训课程规范	060
2.2.5 二级/技师职业技能培训课程规范	072
2.2.6 一级/高级技师职业技能培训课程规范	081
2.2.7 培训建议中培训方法说明	085

2.3 考核规范 ... 086

2.3.1 职业基本素质培训考核规范	086
2.3.2 五级/初级职业技能培训理论知识考核规范	087
2.3.3 五级/初级职业技能培训操作技能考核规范	089
2.3.4 四级/中级职业技能培训理论知识考核规范	090
2.3.5 四级/中级职业技能培训操作技能考核规范	092
2.3.6 三级/高级职业技能培训理论知识考核规范	092
2.3.7 三级/高级职业技能培训操作技能考核规范	095
2.3.8 二级/技师职业技能培训理论知识考核规范	096
2.3.9 二级/技师职业技能培训操作技能考核规范	098
2.3.10 一级/高级技师职业技能培训理论知识考核规范	099
2.3.11 一级/高级技师职业技能培训操作技能考核规范	100

附录 培训要求与课程规范对照表

附录1 职业基本素质培训要求与课程规范对照表	102
附录2 五级/初级职业技能培训要求与课程规范对照表	106
附录3 四级/中级职业技能培训要求与课程规范对照表	117
附录4 三级/高级职业技能培训要求与课程规范对照表	127
附录5 二级/技师职业技能培训要求与课程规范对照表	141
附录6 一级/高级技师职业技能培训要求与课程规范对照表	151

1 指南包

1.1 职业培训包使用指南

1.1.1 职业培训包结构与内容

电工职业培训包由指南包、课程包、资源包三个子包构成，结构如下图所示。

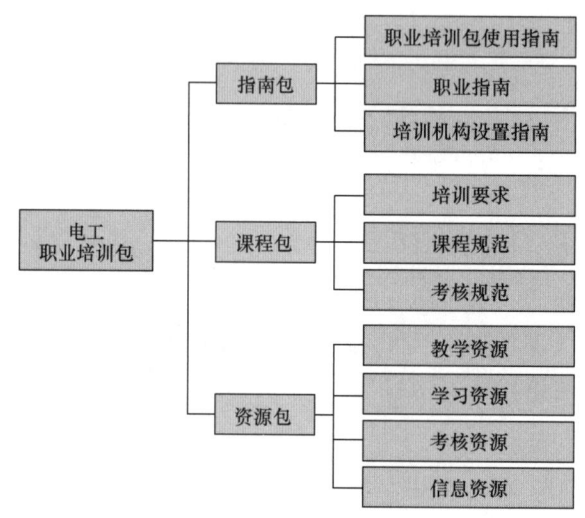

职业培训包结构图

指南包是指导培训机构、培训教师与学员开展职业培训的服务性内容总合，包括培训包使用指南、职业指南和培训机构设置指南。培训包使用指南是培训教师与学员了解职业培训包内容、选择培训课程、使用培训资源的说明性文本；职业指南是对职业信息的概述；培训机构设置指南是对培训机构开展职业培训提出的具体要求。

课程包是培训机构与教师实施职业培训、培训学员接受职业培训必须遵守的规范总合，包括培训要求、课程规范、考核规范。培训要求是参照国家职业技能标准、结合职业岗位工作实际需求制定的职业培训规范；课程规范是依据培训要求、结合职业培训教学规律，对课程设置、课堂学时、课程内容与培训方法等所做的统一规定；考核规范是针对课程规范中所规定的课程内容开发的，能够科学评价培训学员过程性学习效果与终结性培训成果的规则，是客观衡量培训学员职业基本素质与职业技能水平的标准，也是实施职业培训过程性与终结性考核的依据。

资源包是依据课程包要求，基于培训学员特征，遵循职业培训教学规律，应用先进职业培训课程理念，开发的多媒介、多形式的职业培训与考核资源总和，包括教学资源、学习资源、考核资源和信息资源。教学资源是为培训教师组织实施职业培训教学活动提供的相关资源；学习资源是为培训学员学习职业培训课程提供的相关资源；考核资源是为培训机构和教师实施职业培训考核提供的相关资源；信息资源是为培训教师和学员拓展视野提供的体现科技进步、职业发展的相关动态资源。

1.1.2　培训课程体系介绍

电工职业培训课程体系依据职业技能等级分为职业基本素质培训课程、五级/初级职业技能培训课程、四级/中级职业技能培训课程、三级/高级职业技能培训课程、二级/技师职业技能培训课程和一级/高级技师职业技能培训课程，每一类课程包含模块、课程和学习单元三个层级。电工职业培训课程体系均源自本职业培训包课程包中的课程规范，以学习单元为基础，形成职业层次清晰、内容丰富的"培训课程超市"。

电工职业培训课程学时分配一览表

职业技能等级	课堂学时		其他学时	培训总学时
	职业基本素质培训课程	职业技能培训课程		
五级/初级	70	200	130	400
四级/中级	50	230	70	350
三级/高级	30	390	30	450
二级/技师	10	220	20	250
一级/高级技师	0	160	40	200

注：课堂学时是指培训机构开展的理论课程教学及实操课程教学的建议最低学时数，其中职业基本素质培训课程为理论知识培训课程，职业技能培训课程包含理论知识和操作技能培训课程。除课堂学时外，培训总学时还应包括岗位实习、现场观摩、自学自练等其他学时。

(1) 职业基本素质培训课程

模块	课程	学习单元	课堂学时
1.职业道德	1-1　职业认知	(1) 职业认知	1
	1-2　职业道德基本知识	(1) 道德与职业道德	1
	1-3　职业守则	(1) 电工职业守则	1

续表

模块	课程	学习单元	课堂学时
2.基础知识	2-1 电工基础知识	(1) 直流电路基本知识	6
		(2) 电磁基本知识	6
		(3) 交流电路基本知识	6
		(4) 电工读图基本知识	4
		(5) 电力变压器的识别与分类	2
		(6) 常用电机的识别与分类	2
		(7) 常用低压电器的识别与分类	2
	2-2 电子技术基础知识	(1) 常用电子元器件的图形符号和文字符号	2
		(2) 二极管基本知识	2
		(3) 三极管基本知识	4
		(4) 整流、滤波、稳压电路基本应用	4
	2-3 常用电工工具、量具使用知识	(1) 常用电工工具、量具使用知识	3
	2-4 常用电工仪器、仪表使用知识	(1) 常用电工仪器、仪表使用知识	6
	2-5 电工常用材料选型知识	(1) 电工常用材料选型知识	3
	2-6 安全知识	(1) 安全知识	8
	2-7 其他相关知识	(1) 其他相关知识	5
3.法律法规	3-1 相关法律、法规知识	(1) 相关法律、法规知识	2
课堂学时合计			70

注：本表所列为五级/初级职业基本素质培训课程，其他等级职业基本素质培训课程按"电工职业培训课程学时分配一览表"中相应的课堂学时要求进行必要的调整。

(2) 五级/初级职业技能培训课程

模块	课程	学习单元	课堂学时
1.电器安装和线路敷设	1-1 低压电器选用	(1) 识别常用低压电器的图形符号、文字符号	2
		(2) 识别和选用常用低压电器规格、型号	6
		(3) 识别防爆电气设备的防爆型式、防爆标识	2

续表

模块	课程	学习单元	课堂学时
1. 电器安装和线路敷设	1-2 电工材料选用	（1）选用电线、电缆	2
		（2）选用电线管、桥架、线槽	2
		（3）识别低压电缆接头、接线端子	2
	1-3 照明电路装调	（1）配备照明灯具并确定安装位置	4
		（2）安装照明灯具	4
		（3）安装、调试照明线路	20
		（4）选择、安装有功电能表	4
	1-4 动力及控制电路装调	（1）安装配电箱（柜）	6
		（2）金属管的煨弯、穿线、固定	8
		（3）电线保护管的切割、穿线、连接、敷设	4
		（4）敷设电线电缆	6
		（5）导线的直线和分支连接	6
		（6）选择和压接接线端子	2
		（7）动力配电线路的接线、调试	6
2. 继电控制电路装调维修	2-1 低压电器安装、维修	（1）安装、修理、更换常用低压电器	8
		（2）检查、排除低压电器电路故障	4
		（3）检修手电钻线路	4
	2-2 交流电动机接线、维护	（1）分辨控制变压器的同名端	2
		（2）分辨三相交流异步电动机绕组的首尾端	4
		（3）三相交流异步电动机主电路、控制电路的接线与维护	12
		（4）单相异步电动机的接线与维护	4
		（5）三相交流异步电动机保养	6
	2-3 低压动力控制电路维修	（1）识读电气原理图	2
		（2）三相交流笼型异步电动机单方向运转控制电路的检查、调试、故障排除	6
		（3）三相交流笼型异步电动机正反转控制电路的检查、调试、故障排除	6
		（4）三相交流笼型异步电动机降压启动控制电路的检查、调试、故障排除	6
		（5）三相交流笼型多速异步电动机启动控制电路的检查、调试、故障排除	6
		（6）三相交流笼型异步电动机多处控制电路的检查、调试、故障排除	4
		（7）三相交流笼型异步电动机电磁抱闸控制电路的检查、调试、故障排除	4

续表

模块	课程	学习单元	课堂学时
3.基本电子电路装调维修	3-1 电子元件焊接作业	（1）选用焊接工具	2
		（2）焊前处理	4
		（3）安装、焊接单面印制电路板	6
		（4）识别虚焊、假焊	2
	3-2 电子电路调试、维修	（1）测量、调试、维修半波和全波整流稳压电路	12
		（2）测量、调试、维修基本放大电路	10
课堂学时合计			200

（3）四级／中级职业技能培训课程

模块	课程	学习单元	课堂学时
1.继电控制电路装调维修	1-1 低压电器选用	（1）选用中间继电器、时间继电器、计数器	3
		（2）选用断路器、接触器、热继电器	3
	1-2 继电器、接触器线路装调	（1）安装、调试两台三相交流笼型异步电动机顺序控制电路	8
		（2）安装、调试三相交流笼型异步电动机位置控制电路	8
		（3）安装、调试三相交流绕线式异步电动机启动控制电路	12
		（4）安装、调试三相交流异步电动机能耗制动、反接制动电路	12
	1-3 临时供电、用电设备设施的安装、维护	（1）安装、维护临时用电总配电箱、分配电箱、开关箱及线路	12
		（2）选用、安装临时用电照明装置、隔离变压器	6
		（3）安装、维护、拆除卷扬机、搅拌机等电动建筑机械	8
		（4）安装、维护、拆除交流电焊机等移动式设备	6
		（5）安装、维护临时用电设备的接地装置、独立避雷针	6
	1-4 机床电气控制电路调试、维修	（1）调试、检修C6140车床电气控制电路	10
		（2）调试、检修M7130平面磨床电气控制电路	12
		（3）调试、检修Z37摇臂钻床电气控制电路	8

续表

模块	课程	学习单元	课堂学时
2.电气设备（装置）装调维修	2-1 可编程控制器控制电路装调	（1）连接可编程控制器线路	6
		（2）可编程控制器程序的读写	6
		（3）可编程控制器基本指令程序的编写、修改	20
	2-2 常见电力电子装置维护	（1）识别软启动器操作面板、电源输入端、输出端、控制端	6
		（2）判断、排除软启动器故障	6
		（3）设置充电桩参数	4
		（4）检修充电桩电路	8
3.自动控制电路装调维修	3-1 传感器装调	（1）选择传感器类型	2
		（2）安装、调试光电开关	2
		（3）安装、调试霍尔开关	2
		（4）安装、调试电感式开关	2
		（5）安装、调试电容式开关	2
	3-2 专用继电器装调	（1）安装、调试速度继电器	2
		（2）安装、调试温度继电器	2
		（3）安装、调试压力继电器	2
4.基本电子电路装调维修	4-1 仪器仪表使用	（1）单、双臂电桥测量电阻	4
		（2）信号发生器的使用	2
		（3）测量波形的幅值、频率	2
	4-2 电子元器件选用	（1）选用78、79系列集成电路	2
		（2）选用晶闸管	2
	4-3 电子电路装调维修	（1）78、79系列集成电路的安装、调试、故障排除	12
		（2）阻容耦合放大电路的安装、调试、故障排除	12
		（3）单相晶闸管整流电路的安装、调试、故障排除	8
课堂学时合计			230

(4) 三级 / 高级职业技能培训课程

模块	课程	学习单元	课堂学时
1. 继电控制电路装调维修	1-1 继电器、接触器控制电路分析、测绘	(1) 分析、选择多台联动三相交流异步电动机控制方案	6
		(2) 测绘、分析 T68 镗床、X62W 铣床的电气控制电路接线图	12
	1-2 机床电气控制电路调试、维修	(1) 调试、维修 T68 镗床电路	6
		(2) 调试、维修 X62W 铣床电路	6
		(3) 调试、维修大型磨床电路	12
		(4) 调试、维修龙门铣床电路	12
		(5) 调试、维修龙门刨床电路	12
		(6) 调试、维修盾构机电路	12
	1-3 临时供电、用电设备设施的安装与维护	(1) 临时用电方案的确认与组织实施	6
		(2) 临时用电配电室、配电变压器、配电线路的组织安装	12
		(3) 安装、维护临时用电自备发电机	8
		(4) 安装、维护、拆除塔吊电气部分	6
2. 电气设备（装置）装调维修	2-1 常用电力电子装置维护	(1) 识别变频器操作面板、电源输入端、电源输出端、电源控制端	6
		(2) 设置变频器参数，确认变频器故障	4
		(3) 检修不间断电源整流电路、逆变电路、控制电路	12
	2-2 非工频设备装调维修	(1) 调试中高频淬火设备可控整流电源	6
		(2) 调试中高频淬火设备高压电子管三点振荡电路	8
		(3) 调试中高频淬火设备电容耦合电路	4
		(4) 调试中高频淬火设备加热变压器耦合电路	6
	2-3 调功器装调维修	(1) 安装、调试调功器设备	10
		(2) 检测调功器主电路、控制电路输出波形	4
		(3) 排除调功器内部主电路故障	6
3. 自动控制电路装调维修	3-1 可编程控制系统分析、编程与调试维修	(1) 编写自动洗衣机、机械手可编程控制器控制程序	12
		(2) 用可编程控制器改造常用机床的继电控制电路	18
		(3) 模拟调试可编程控制器程序	8
		(4) 现场调试可编程控制器程序	6
		(5) 分析可编程控制系统的故障范围	6
		(6) 排除可编程控制器外围设备电气故障	4

续表

模块	课程	学习单元	课堂学时
3.自动控制电路装调维修	3-2 单片机控制电路装调	（1）单片机控制系统接线	6
		（2）上位机与单片机之间程序的传递	2
		（3）分析简单单片机控制程序	6
	3-3 消防电气系统装调维修	（1）检修消防泵的启动、停止电路	4
		（2）检修消防系统用传感器	4
		（3）检修消防联动系统	4
		（4）检修消防主机控制系统	4
		（5）设置消防系统人机界面	2
	3-4 冷水机组电控设备维修	（1）检修冷水机组的启动、停止电路	4
		（2）检修冷水机组的流量控制电路	4
		（3）检修冷水机组的温度控制电路	4
		（4）检修冷水机组的制冷量控制电路	4
4.应用电子电路调试维修	4-1 电子电路分析测绘	（1）测绘集成运算放大电路	8
		（2）分析由分立元件、集成运算放大器组成的应用电子电路	4
	4-2 电子电路调试维修	（1）调试维修组合逻辑电路	12
		（2）调试维修时序逻辑电路	6
		（3）分析定时器电路的功能、用途	6
		（4）调试维修小型开关稳压电路	6
	4-3 电力电子电路分析测绘	（1）测绘晶闸管触发电路	8
		（2）测绘相控整流主电路、触发电路工作波形	6
	4-4 电力电子电路调试维修	（1）测量和调试相控整流主电路、触发电路波形	4
		（2）维修相控整流主电路、触发电路	8
5.交直流传动系统装调维修	5-1 交直流传动系统安装	（1）识读、分析交直流传动系统图	8
		（2）检查交直流传动系统设备、器件	8
		（3）安装交直流传动系统设备	6
	5-2 交直流传动系统调试	（1）分析交直流传动系统中各单元电路工作原理	6
		（2）调试交直流调速电路	6
	5-3 交直流传动系统维修	（1）分析判断交直流传动系统的故障原因	6
		（2）分析、排除交直流传动装置及外围电路故障	4
		课堂学时合计	390

(5) 二级 / 技师职业技能培训课程

模块	课程	学习单元	课堂学时
1. 电气设备（装置）装调维修	1-1 数控机床电气控制装置装调维修	（1）调整编码器、光栅尺	2
		（2）数控机床电气线路的装调维修	20
	1-2 工业机器人调试	（1）连接、调试工业机器人外围线路	6
		（2）工业机器人示教编程	12
		（3）工业机器人的保养	2
	1-3 单片机控制的电气装置装调维修	（1）编写、调试电动机启停控制的单片机程序	6
		（2）调试以基本指令为主的单片机程序	6
		（3）判断单片机控制的电气装置故障范围并排除电气故障	4
2. 自动控制电路装调维修	2-1 可编程控制系统编程与维护	（1）分析、编制模拟量输入输出模块程序	6
		（2）选用、连接触摸屏	2
		（3）设置触摸屏与可编程控制器之间的通信参数	2
		（4）编辑、修改触摸屏组态画面	4
		（5）判断、排除可编程控制器功能模块故障	6
	2-2 风力发电系统电气设备维护	（1）维护风力发电变桨系统	6
		（2）维护风力发电解缆系统	4
	2-3 光伏发电系统电气设备维护	（1）维护太阳能电池应用电路	4
		（2）维护光伏发电系统电路	4
	2-4 双闭环直流调速系统装调维修	（1）检查双闭环直流调速系统组成设备、器件	2
		（2）调试速度环、电流环	4
		（3）分析、判断双闭环直流调速系统故障原因	2
		（4）排除双闭环直流调速装置及外围电路故障	4
	2-5 变频恒压供水系统装调维修	（1）检查变频恒压供水系统组成设备、器件	2
		（2）安装变频恒压供水系统设备	6
		（3）调试变频恒压供水系统电路	4
		（4）排除变频恒压供水系统电路的故障	4
		（5）安装、调试PID调节器	8

续表

模块	课程	学习单元	课堂学时
3. 应用电子电路调试维修	3-1 电子电路分析测绘	（1）分析测绘组合逻辑电路	4
		（2）分析测绘时序逻辑电路	4
	3-2 电子电路调试维修	（1）调试 A/D、D/A 应用电路	4
		（2）调试寄存器型 N 进制计数器应用电路	4
		（3）维修中小规模集成电路的外围电路	4
	3-3 电力电子电路分析测绘	（1）测绘三相整流变压器联结组别	4
		（2）测绘晶闸管触发电路、主电路波形	4
		（3）测绘、分析直流斩波器电路波形	4
	3-4 电力电子电路调试维修	（1）三相整流变压器联结组别号进行接线	2
		（2）分析、排除三相可控整流电路故障	4
		（3）调整直流斩波器输出波形	2
4. 交直流传动及伺服系统调试维修	4-1 交直流传动系统调试维修	（1）分析造纸机交直流调速系统原理图	6
		（2）调试、维修造纸机交直流调速系统	12
	4-2 伺服系统调试维修	（1）安装、调试步进电动机驱动装置	4
		（2）分析排除步进电动机驱动器主电路故障	2
		（3）分析交直流伺服系统电气控制原理图	4
		（4）调试、维修交直流伺服系统	6
5. 培训与技术管理	5-1 培训指导	（1）编写培训教案	2
		（2）理论培训	2
		（3）技能指导	2
	5-2 技术管理	（1）电气设备检修管理	2
		（2）电气设备维护质量管理	2
		（3）制定电气设备大、中修方案	4
课堂学时合计			220

（6）一级／高级技师职业技能培训课程

模块	课程	学习单元	课堂学时
1. 电气设备（装置）装调维修	1-1 数控机床电气系统故障判断与维修	（1）判断、排除数控机床主轴电气控制线路故障	10
		（2）判断、排除数控机床伺服系统相关线路故障	10
		（3）判断、排除数控机床检测电路故障	10
	1-2 复杂生产线电气传动控制设备调试与维修	（1）分析多辊连轧机电气控制系统原理	6
		（2）调试、维修多辊连轧机电气传动系统	18
2. 电气自动控制系统调试维修	2-1 电气自动控制系统分析、测绘	（1）分析工业自动控制系统电气控制原理	4
		（2）测绘电气自动控制系统原理图	12
		（3）提出技术改进建议	6
	2-2 工业控制网络系统调试与维修	（1）分析工厂自动化系统的现场总线组成	4
		（2）分析工厂自动化系统的工业以太网结构	4
		（3）选用通信设备、器件	4
		（4）网络布线、连接	4
		（5）组态、配置工业控制网络	6
		（6）选择数据交换方式	4
	2-3 可编程控制系统调试与维修	（1）编制、修改控制系统的程序	12
		（2）调试、维修多功能控制系统	18
		（3）设置可编程控制器与智能设备之间的通信参数	8
3. 培训与技术管理	3-1 培训指导	（1）制定培训方案	2
		（2）理论培训	4
		（3）技能指导	4
	3-2 技术管理	（1）编写电气控制系统安装工艺、验收方案	4
		（2）工艺线路、控制方案的优化建议	2
		（3）技术改造项目的成本核算	4
		课堂学时合计	160

1.1.3　培训课程选择指导

职业基本素质培训课程为必修课程，相当于本职业的入门课程。各级别职业技能培训课程由培训机构教师根据培训学员实际情况，遵循高级别涵盖低级别的原则进行选择。

原则上，初入职的培训学员应学习职业基本素质培训课程和五级/初级职业技能培训课程的全部内容，有职业技能等级提升需求的培训学员，可按照国家职业技能标准的"鉴定要求"，对照自身需求选择更高等级的培训课程。具有一定从业经验、无职业技能等级晋升要求的培训学员，可根据自身实际情况自主选择本职业培训课程。具体方法为：（1）选择课程模块；（2）在模块中筛选课程；（3）在课程中筛选学习单元；（4）组合成本次培训的整个课程。

培训教师可以根据以上方法对培训学员进行单独指导。对于订单培训，培训教师可以按照如上方法，对照订单要求进行培训课程的选择。

1.2　职业指南

1.2.1　职业描述

电工是使用工具、量具和仪器、仪表，安装、调试与维护、修理机械设备电气部分和电气系统线路及器件的人员。

1.2.2　职业培训对象

参加电工职业培训的对象主要包括：城乡未继续升学的应届初高中毕业生、农村转移就业劳动者、城镇登记失业人员、转岗转业人员、退役军人、企业在职职工和高校毕业生等各类有培训需求的人员。

1.2.3　就业前景

电工的工作岗位有维修电工、维修组长等，还可以视情况晋升为车间主任、技术总监、服务经理等。

1.3 培训机构设置指南

1.3.1 师资配备要求

（1）培训教师任职基本条件

1）培训电工五级/初级工、四级/中级工、三级/高级工的教师应具备本职业二级/技师及以上职业资格证书或相关专业中级及以上专业技术职务任职资格。

2）培训电工二级/技师的教师应具有本职业一级/高级技师职业资格证书或相关专业高级专业技术职务任职资格。

3）培训电工一级/高级技师的教师应具有本职业一级/高级技师职业资格证书2年以上或相关专业高级专业技术职务任职资格。

（2）培训教师数量要求（以20人培训班为基准）

1）理论课教师：1人及以上；培训规模超过20人的，按教师与学员之比不低于1∶20配备教师。

2）实习指导教师：1人及以上；培训规模超过20人的，按教师与学员之比不低于1∶20配备教师。

1.3.2 培训场所设备配置要求

培训场所设备配置要求如下（以20人培训班为基准）：

（1）理论知识培训场所设备配置要求：70~80平方米标准教室，多媒体教学设备（计算机、投影仪、幕布或显示屏、网络接入设备、音响设备）、黑板、20套以上桌椅，符合照明、通风、安全等相关规定。

（2）操作技能培训场所设备配置要求：实训工位充足，设备设施配套齐全，符合环保、劳保、安全、卫生、消防、通风和照明等相关规定及安全规程。电工五级/初级技能、四级/中级技能实训场所的实训设备数量和工具配置须同时满足40名学员进行实训教学，每个工位实训学员不超过5人；电工三级/高级技能、二级/技师和一级/高级技师实训场所的实训设备数量和工具配置须同时满足20名学员进行实训教学。

操作技能培训场所设备配置应符合电工专业主要实训教室工位数及主要设备配置要求对照表所列要求（按标准培训班20人配备）。

电工专业主要实训教室工位数及主要设备配置要求对照表

等级	教室名称	工位数量	主要设备、工具及材料配置	备注
五级/初级	电器安装实训室	20	电气装置系统实训考核装置、插座、灯具、电风扇、电能表、功率表电路配件、常用电器安装工具仪表等各15套	2~3人/工位
	电机与变压器实训室	20	电工实训台、电工工具套组、电工常用仪表、电动机和变压器拆装工具、三相异步电动机、单相异步电动机和变压器拆装实训套件等各15套	2~3人/工位
	电力拖动实训室	20	电工实训台、电工工具套组、电工常用仪表、常用低压电器、三相异步电动机、三相异步电动机控制电路的连接实训装置、电动机控制电路故障排除实训装置4~6套	2~3人/工位
	电子电路装调维修实训室	20	电子工艺实训台、电阻器、电容器、电感器、二极管、三极管等器件常用电子焊接工具及仪表各20套	1人/工位
四级/中级	电力拖动实训室	20	电工实训台、电工工具套组、电工常用仪表、常用低压电器、三相交流异步电动机断电延时带直流能耗制动的Y-△启动控制、双速交流异步电动机自动变速控制等难度类似的电路的安装接线装置20套	1人/工位
	机床电气控制电路检修实训室	20	M7130平面磨床、C6140车床等类似难度的电气控制电路故障检修装置4~6套	4~5人/工位
	电气设备（装置）装调维修实训室	20	可编程控制器综合实训装置、电力电子实训装置（含软启动器、充电桩实训装置）、常用电工工量具等各10套	2~3人/工位
	自动控制电路装调维修实训室	20	传感器实训装置、光电开关、霍尔开关、电感式开关、电容式开关、速度继电器、温度继电器、压力继电器等传感器、常用仪器仪表等20套	2~3人/工位
	电子电路装调维修实训室	20	电子焊接实训台、单臂电桥、双臂电桥、信号发生器、单相晶闸管调压电路装置及配件、78或79系列三端稳压集成电路装置及配件、常用电子焊接工具及仪表各20套	1人/工位

续表

等级	教室名称	工位数量	主要设备、工具及材料配置	备注
三级/高级	机床电气控制电路检修实训室	20	龙门刨床、X62W 铣床电气控制电路装置或类似装置、T68 镗床电气控制电路装置或类似装置各 4~6 套	4~5 人/工位
	电气设备（装置）装调维修实训室	20	变频器综合实训装置、UPS 不间断电源、中高频淬火设备、调功器、常用电工工量具等各 10 套	2~3 人/工位
	自动控制电路装调维修实训室	20	可编程序控制器综合实训装置、单片机综合实训装置、传感器实训装置、消防电气综合实训系统、冷水机组电控设备，常用电工工量具等各 20 套	2~3 人/工位
	电子电路调试维修实训室	20	电子电路实验装置（含模拟电路和数字电路）、开关稳压电源、常用电子线路维修工具及双踪示波器、万用表等仪表各 20 套	1 人/工位
	交直流传动实训室	20	交直流传动实训装置、常用电工工量具等各 10 套	4~5 人/工位
二级/技师	电气设备（装置）装调维修实训室	20	数控机床电气控制装置、工业机器人实训装置、单片机综合实训装置、常用电工工量具等各 10 套	2~3 人/工位
	自动控制电路装调维修实训室	20	可编程序控制器综合实训装置（含触摸屏）、风力发电系统实训装置、光伏发电系统实训装置、直流调速考核装置、变频恒压供水实训装置、常用电工工量具等各 10 套	2~3 人/工位
	应用电子电路调试维修实训室	20	三相桥式全控整流电路实验装置、常用电子线路维修工具及双踪示波器、万用表等仪表各 10 套	2~3 人/工位
	交直流传动系统调试与维修实训室	20	交直流调速系统实训装置、造纸机交直流调速系统（或类似难度的电气传动系统）、步进电机驱动装置、交直流伺服系统实训装置、常用电工工量具等各 10 套	2~3 人/工位
一级/高级技师	电气设备（装置）装调维修实训室	20	数控机床电气控制装置、常用电工工量具等各 10 套，多辊连轧机（或类似难度的电气传动系统）2 套	2~3 人/工位
	电气自动控制系统调试维修实训室	20	电气自动控制系统实训装置、工业控制网络实训装置、多功能自动生产线实训装置（含变频器、伺服系统）、常用电工工量具等各 10 套	2~3 人/工位

1.3.3 教学资料配备要求

（1）培训规范：《电工国家职业技能标准》《电工职业基本素质培训要求》《电工职业技能培训要求》《电工职业基本素质培训课程规范》《电工职业技能培训课程规范》《电工职业基本素质培训考核规范》《电工职业技能培训理论知识考核规范》《电工职业技能培训操作技能考核规范》。

（2）教学资源：教材教辅、网络资源等内容必须符合"（1）培训规范"。

1.3.4 管理人员配备要求

（1）专职校长：1人，应具有大专及以上文化程度、中级及以上专业技术职务任职资格，从事职业技术教育及教学管理5年以上，熟悉职业培训的有关法律法规。

（2）教学管理人员：1人以上，专职不少于1人；应具有大专及以上文化程度、中级及以上专业技术职务任职资格，从事职业技术教育及教学管理5年以上，具有丰富的教学管理经验。

（3）办公室人员：1人以上，应具有大专及以上文化程度。

（4）财务管理人员：2人，应具有大专及以上文化程度、财会人员从业资格证书。

1.3.5 管理制度要求

应建立健全完备的管理制度，包括办学章程与发展规划、教学管理、教师管理、学员管理、财务管理、设备管理等制度。

2 课程包

2.1 培训要求

2.1.1 职业基本素质培训要求

职业基本素质模块	培训内容	培训细目
1. 职业道德	1-1 职业认识	(1) 电工职业定义 (2) 电工的工作内容
	1-2 职业道德基本知识	(1) 职业道德修养 (2) 电工职业道德规范
	1-3 职业守则	(1) 电工职业守则
2. 基础知识	2-1 电工基础知识	(1) 直流电路基本知识 (2) 电磁基本知识 (3) 交流电路基本知识 (4) 电工识图基本知识 (5) 电力变压器的识别与分类 (6) 常用电机的识别与分类 (7) 常用低压电器的识别与分类
	2-2 电子技术基本知识	(1) 常用电子元器件的图形符号和文字符号 (2) 二极管的基本知识 (3) 三极管的基本知识 (4) 整流、滤波、稳压电路基本应用
	2-3 常用电工工具、量具使用知识	(1) 常用电工工具及其使用 (2) 常用电工量具及其使用
	2-4 常用电工仪器、仪表使用知识	(1) 电工测量基础知识 (2) 常用电工仪表及其使用 (3) 常用电工仪器及其使用
	2-5 常用电工材料选型知识	(1) 常用导电材料的分类及其应用 (2) 常用绝缘材料的分类及其应用 (3) 常用磁性材料的分类及其应用
	2-6 安全知识	(1) 电工安全基本知识 (2) 电工安全用具 (3) 触电急救知识 (4) 电气消防、接地、防雷等基本知识 (5) 安全距离、安全色和安全标志等国家标准规定 (6) 电气安全装置及电气安全操作规程
	2-7 其他相关知识	(1) 供电和用电基本知识 (2) 钳工划线、钻孔等基础知识 (3) 质量管理知识 (4) 环境保护知识 (5) 现场文明生产知识
3. 法律法规	3-1 相关法律、法规知识	(1) 相关法律知识 (2) 相关法规知识

2.1.2 五级/初级职业技能培训要求

职业功能模块	培训内容	技能目标	培训细目
1.电器安装和线路敷设	1-1 低压电器选用	1-1-1 能识别常用低压电器的图形符号、文字符号	（1）识别常用低压电器的图形符号 （2）识别常用低压电器的文字符号
		1-1-2 能识别和选用刀开关、熔断器、断路器、接触器、热继电器、主令电器、漏电保护器、指示灯等低压电气的规格、型号	（1）识别刀开关、熔断器、断路器、接触器、热继电器、主令电器、漏电保护器、指示灯等低压电气的规格、型号 （2）选用刀开关、熔断器、断路器、接触器、热继电器、主令电器、漏电保护器、指示灯等低压电器
		1-1-3 能识别防爆电气设备的防爆型式、防爆标识	（1）识别防爆电气设备的防爆型式 （2）识别防爆电气设备的防爆标识
	1-2 电工材料选用	1-2-1 能根据安全载流量和导线规格、型号选用 电线、电缆	（1）选用电线 （2）选用电缆
		1-2-2 能根据使用场合选用电线管、桥架、线槽等	（1）选用电线管 （2）选用桥架 （3）选用线槽
		1-2-3 能识别低压电缆接头、接线端子	（1）识别低压电缆接头 （2）识别低压接线端子
	1-3 照明电路装调	1-3-1 能按要求配备照明灯具，确定安装位置	（1）配备照明灯具 （2）确定灯具安装位置
		1-3-2 能按要求安装照明灯具	（1）安装照明灯具
		1-3-3 能对不同照明灯具配备装具并安装接线	（1）家用照明灯具的安装接线 （2）车间照明灯具的安装接线
		1-3-4 能对照明线路进行调试	（1）家用照明线路的调试 （2）车间照明线路的调试
		1-3-5 能选择、安装有功电能表	（1）选择有功电能表 （2）安装有功电能表

续表

职业功能模块	培训内容	技能目标	培训细目
1.电器安装和线路敷设	1-4 动力及控制电路装调	1-4-1 能安装配电箱（柜）	（1）安装配电箱（柜）
		1-4-2 能对金属管进行煨弯、穿线、固定	（1）金属管的煨弯 （2）金属管的穿线 （3）金属管的固定
		1-4-3 能对电线保护管进行切割、穿线、连接、敷设	（1）电线保护管的切割 （2）电线保护管的穿线 （3）电线保护管的连接 （4）电线保护管的敷设
		1-4-4 能使用线槽、槽板、桥架、拖链带等敷设电线电缆	（1）使用线槽敷设电线电缆 （2）使用槽板敷设电线电缆 （3）使用桥架敷设电线电缆 （4）使用拖链带敷设电线电缆
		1-4-5 能识别线号和标注线号	（1）识别线号 （2）标注线号
		1-4-6 能进行导线的直线和分支连接	（1）导线的直线连接 （2）导线的分支连接
		1-4-7 能选择和压接接线端子	（1）选择接线端子 （2）压接接线端子
		1-4-8 能对动力配电线路进行接线、调试	（1）动力配电线路的接线 （2）动力配电线路的调试
2.继电控制电路装调维修	2-1 低压电器安装、维修	2-1-1 能安装、修理、更换按钮、继电器、接触器、指示灯、熔断器	（1）安装、维修按钮 （2）安装、维修继电器 （3）安装、维修接触器 （4）安装、维修指示灯 （5）安装、维修熔断器
		2-1-2 能进行低压电器电路的检查、故障排除	（1）检查低压电器电路故障 （2）排除低压电器电路故障
		2-1-3 能对手电钻等手持电动工具的线路进行检修	（1）检修手电钻线路

续表

职业功能模块	培训内容	技能目标	培训细目
2.继电控制电路装调维修	2-2 交流电动机接线、维护	2-2-1 能分辨控制变压器的同名端	（1）分辨控制变压器的同名端
		2-2-2 能分辨三相交流异步电动机绕组的首尾端	（1）分辨三相交流异步电动机绕组的首尾端
		2-2-3 能对三相交流异步电动机的主电路、正反转控制电路、Y/△启动控制电路进行接线、维护	（1）三相交流异步电动机正反转控制电路接线、维护 （2）三相交流异步电动机Y/△启动控制电路接线、维护
		2-2-4 能对单相异步电动机进行接线、维护	（1）单相异步电动机接线 （2）维护单相异步电动机
		2-2-5 能对三相交流异步电动机进行保养	（1）保养三相交流异步电动机
	2-3 低压动力控制电路维修	2-3-1 能识读电气原理图	（1）识读电气原理图
		2-3-2 能进行三相交流笼型异步电动机单方向运转控制电路的检查、调试、故障排除	（1）三相交流笼型异步电动机点动控制电路的检查、调试、故障排除 （2）三相交流笼型异步电动机自锁控制电路的检查、调试、故障排除 （3）三相交流笼型异步电动机点动与自锁混合控制电路的检查、调试、故障排除
		2-3-3 能进行三相交流笼型异步电动机正反转控制电路的检查、调试、故障排除	（1）三相交流笼型异步电动机接触器联锁正反转控制电路的检查、调试、故障排除 （2）三相交流笼型异步电动机接触器按钮双重联锁正反转控制电路的检查、调试、故障排除
		2-3-4 能进行三相交流笼型异步电动机Y/△启动等降压启动控制电路的检查、调试、故障排除	（1）三相交流笼型异步电动机Y/△启动控制电路的检查、调试、故障排除 （2）三相交流笼型异步电动机定子绕组串电阻启动控制电路的检查、调试、故障排除 （3）三相交流笼型异步电动机自耦变压器降压启动控制电路的检查、调试、故障排除 （4）三相交流异步电动机延边△降压启动控制电路的检查、调试、故障排除

续表

职业功能模块	培训内容	技能目标	培训细目
2. 继电控制电路装调维修	2-3 低压动力控制电路维修	2-3-5 能进行三相交流笼型多速异步电动机启动控制电路的检查、调试、故障排除	（1）三相交流笼型双速异步电动机控制电路的检查、调试、故障排除 （2）三相交流笼型三速异步电动机控制电路的检查、调试、故障排除
		2-3-6 能进行三相交流笼型异步电动机多处控制电路的检查、调试、故障排除	（1）三相交流笼型异步电动机两处控制电路的检查、调试、故障排除
		2-3-7 能进行三相交流笼型异步电动机电磁抱闸控制电路的检查、调试、故障排除	（1）三相交流笼型异步电动机电磁抱闸断电制动控制电路的检查、调试、故障排除 （2）三相交流笼型异步电动机电磁抱闸通电制动控制电路的检查、调试、故障排除
3. 基本电子电路装调维修	3-1 电子元件焊接作业	3-1-1 能根据焊接对象选择焊接工具	（1）选用焊接工具
		3-1-2 能进行焊前处理	（1）焊前处理
		3-1-3 能安装、焊接由电阻器、电容器、二极管、三极管等组成的单面印制电路板	（1）安装由电阻器、电容器、二极管、三极管等组成的单面印制电路板 （2）焊接由电阻器、电容器、二极管、三极管等组成的单面印制电路板
		3-1-4 能识别虚焊、假焊	（1）识别虚焊 （2）识别假焊
	3-2 电子电路调试、维修	3-2-1 能进行半波和全波整流稳压电路的测量、调试、维修	（1）测量、调试、维修半波整流稳压电路 （2）测量、调试、维修全波整流稳压电路
		3-2-2 能进行基本放大电路的测量、调试、维修	（1）测量基本放大电路 （2）调试基本放大电路 （3）维修基本放大电路

2.1.3 四级/中级职业技能培训要求

职业功能模块	培训内容	技能目标	培训细目
1.继电控制电路装调维修	1-1 低压电器选用	1-1-1 能根据需要选用中间继电器、时间继电器、计数器等器件	（1）选用中间继电器 （2）选用时间继电器 （3）选用计数器
		1-1-2 能根据需要选用断路器、接触器、热继电器等器件	（1）选用断路器 （2）选用接触器 （3）选用热继电器
	1-2 继电器、接触器线路装调	1-2-1 能对多台三相交流笼型异步电动机顺序控制电路进行安装、调试	（1）安装、调试两台三相交流笼型异步电动机顺序控制电路（用主电路实现） （2）安装、调试两台三相交流笼型异步电动机顺序控制电路（用控制电路实现）
		1-2-2 能对三相交流笼型异步电动机位置控制电路进行安装、调试	（1）安装、调试三相交流笼型异步电动机位置控制电路 （2）安装、调试三相交流笼型异步电动机自动往返控制电路
		1-2-3 能对三相交流绕线式异步电动机启动控制电路进行安装、调试	（1）安装、调试三相交流绕线式异步电动机转子绕组串接电阻启动控制电路 （2）安装、调试三相交流绕线式异步电动机转子绕组串接频敏变阻器启动控制电路 （3）安装、调试三相交流绕线式异步电动机凸轮控制器控制电路
		1-2-4 能对三相交流异步电动机能耗制动、反接制动、再生发电制动等制动电路进行安装、调试	（1）安装、调试三相交流异步电动机能耗制动控制电路 （2）安装、调试三相交流异步电动机反接制动控制电路 （3）安装、调试三相交流异步电动机再生发电制动控制电路
	1-3 临时供电、用电设备设施的安装、维护	1-3-1 能安装、维护临时用电总配电箱、分配电箱、开关箱及线路	（1）安装、维护临时用电总配电箱 （2）安装、维护临时用电分配电箱 （3）安装、维护临时用电开关箱 （4）安装、维护临时用电线路

续表

职业功能模块	培训内容	技能目标	培训细目
1. 继电控制电路装调维修	1-3 临时供电、用电设备设施的安装、维护	1-3-2 能选用、安装临时用电照明装置、隔离变压器	（1）选用、安装临时用电照明装置 （2）选用、安装临时用电隔离变压器
		1-3-3 能安装、维护、拆除卷扬机、搅拌机等电动建筑机械	（1）安装、维护、拆除卷扬机 （2）安装、维护、拆除搅拌机
		1-3-4 能安装、维护、拆除电焊机等移动式设备	（1）安装、维护交流电焊机 （2）拆除交流电焊机
		1-3-5 能安装、维护临时用电设备的接地装置、独立避雷针	（1）安装、维护临时用电设备的接地装置 （2）安装、维护独立避雷针
	1-4 机床电气控制电路调试、维修	1-4-1 能对C6140车床或类似难度的电气控制电路进行调试，对电路故障进行排除	（1）调试C6140车床电气控制电路 （2）排除C6140车床电气控制电路故障
		1-4-2 能对M7130平面磨床或类似难度的电气控制电路进行调试，对电路故障进行排除	（1）调试M7130平面磨床电气控制电路 （2）排除M7130平面磨床电气控制电路故障
		1-4-3 能对Z37摇臂钻床或类似难度的电气控制电路进行调试，对电路故障进行排除	（1）调试Z37摇臂钻床电气控制电路 （2）排除Z37摇臂钻床电气控制电路故障
2. 电气设备（装置）装调维修	2-1 可编程控制器控制电路装调	2-1-1 能根据可编程控制器控制电路接线图连接可编程控制器及其外围线路	（1）连接可编程控制器输入信号外围电路 （2）连接可编程控制器输出信号外围电路
		2-1-2 能使用编程软件从可编程控制器中读写程序	（1）使用编程软件向可编程控制器中写程序 （2）使用编程软件从可编程控制器中读程序
		2-1-3 能使用可编程控制器的基本指令编写、修改三相异步电动机正反转、Y/△启动、三台电动机顺序启停等基本控制电路的控制程序	（1）使用基本指令编写、修改三相异步电动机正反转控制电路的控制程序 （2）使用基本指令编写、修改三相异步电动机Y/△启动控制电路的控制程序 （3）使用基本指令编写、修改三台电动机顺序启停控制电路的控制程序

培训要求（四级/中级）

续表

职业功能模块	培训内容	技能目标	培训细目
2.电气设备（装置）装调维修	2-2 常见电力电子装置维护	2-2-1 能识别软启动器操作面板、电源输入端、输出端、控制端	(1) 识别软启动器操作面板 (2) 识别软启动器电源输入端、输出端 (3) 识别软启动器控制端
		2-2-2 能判断、排除软启动器故障	(1) 判断软启动器故障 (2) 排除软启动器故障
		2-2-3 能设置充电桩参数	(1) 设置充电桩参数 (2) 使用充电桩
		2-2-4 能检修充电桩电路	(1) 分析充电桩电路故障 (2) 检修充电桩电路
3.自动控制电路装调维修	3-1 传感器装调	3-1-1 能根据现场设备条件选择传感器类型	(1) 选择传感器类型
		3-1-2 能安装、调试光电开关	(1) 安装光电开关 (2) 调试光电开关
		3-1-3 能安装、调试霍尔开关	(1) 安装霍尔开关 (2) 调试霍尔开关
		3-1-4 能安装、调试电感式开关	(1) 安装电感式开关 (2) 调试电感式开关
		3-1-5 能安装、调试电容式开关	(1) 安装电容式开关 (2) 调试电容式开关
	3-2 专用继电器装调	3-2-1 能安装、调试速度继电器	(1) 安装速度继电器 (2) 调试速度继电器
		3-2-2 能安装、调试温度继电器	(1) 安装温度继电器 (2) 调试温度继电器
		3-2-3 能安装、调试压力继电器	(1) 安装压力继电器 (2) 调试压力继电器
4.基本电子电路装调维修	4-1 仪器仪表使用	4-1-1 能使用单、双臂电桥测量电阻	(1) 使用单臂电桥测量电阻 (2) 使用双臂电桥测量电阻
		4-1-2 能使用信号发生器产生三角波、正弦波、矩形波等信号	(1) 使用信号发生器产生三角波信号 (2) 使用信号发生器产生正弦波信号 (3) 使用信号发生器产生矩形波信号
		4-1-3 能使用示波器测量波形的幅值、频率	(1) 使用示波器测量波形的幅值 (2) 使用示波器测量波形的频率
	4-2 电子元器件选用	4-2-1 能为稳压电路选用78、79系列集成电路	(1) 78系列集成电路的选用 (2) 79系列集成电路的选用
		4-2-2 能为调光、调速电路选用晶闸管	(1) 调光电路晶闸管的选用 (2) 调速电路晶闸管的选用

续表

职业功能模块	培训内容	技能目标	培训细目
4.基本电子电路装调维修	4-3 电子线路装调维修	4-3-1 能对78、79系列集成电路进行安装、调试、故障排除	（1）安装、调试稳压电路（78、79系列） （2）排除稳压电路（78、79系列）故障
		4-3-2 能对阻容耦合放大电路进行安装、调试、故障排除	（1）安装、调试阻容耦合放大电路 （2）排除阻容耦合放大电路故障
		4-3-3 能对单相晶闸管整流电路进行安装、调试、故障排除	（1）安装、调试单相晶闸管整流电路 （2）排除单相晶闸管整流电路故障

2.1.4 三级/高级职业技能培训要求

职业功能模块	培训内容	技能目标	培训细目
1.继电控制电路装调维修	1-1 继电器、接触器控制电路测绘、分析	1-1-1 能对多台联动三相交流异步电动机控制方案进行分析、选择	（1）分析多台联动三相交流异步电动机控制方案 （2）选择多台联动三相交流异步电动机控制方案
		1-1-2 能对T68镗床、X62W铣床或类似难度的电气控制电路接线图进行测绘、分析	（1）测绘、分析T68镗床电气控制电路 （2）测绘、分析X62W铣床电气控制电路
	1-2 机床电气控制电路调试、维修	1-2-1 能根据设备技术资料对T68镗床、X62W铣床或类似难度的电路进行调试、维修	（1）调试、维修T68镗床电路 （2）调试、维修X62W铣床电路
		1-2-2 能根据设备技术资料对大型磨床、龙门铣床或类似难度的电路进行调试、维修	（1）调试、维修大型磨床电路 （2）调试、维修龙门铣床电路
		1-2-3 能根据设备技术资料对龙门刨床、盾构机或类似难度的电路进行调试、维修	（1）调试、维修龙门刨床电路 （2）调试、维修盾构机电路
	1-3 临时供电、用电设备设施的安装与维护	1-3-1 能确认临时用电方案，并组织实施	（1）确认临时用电方案 （2）组织实施临时用电方案
		1-3-2 能组织安装临时用电配电室、配电变压器、配电线路	（1）组织安装临时用电配电室 （2）组织安装临时用电配电变压器 （3）组织安装临时用电配电线路
		1-3-3 能安装、维护临时用电自备发电机	（1）安装临时用电自备发电机 （2）维护临时用电自备发电机
		1-3-4 能安装、维护、拆除塔吊等建筑机械的电气部分	（1）安装、维护塔吊等建筑机械的电气部分 （2）拆除塔吊等建筑机械的电气部分

续表

职业功能模块	培训内容	技能目标	培训细目
2.电气设备（装置）装调维修	2-1 常用电力电子装置维护	2-1-1 能识别变频器操作面板、电源输入端、电源输出端、电源控制端	（1）识别变频器操作面板 （2）识别变频器电源输入端、电源输出端 （3）识别变频器电源控制端
		2-1-2 能根据用电设备要求，参照变频器使用手册，设置变频器参数，确认变频器故障	（1）设置变频器参数 （2）确认变频器故障
		2-1-3 能对不间断电源整流电路、逆变电路、控制电路进行检修	（1）检修不间断电源整流电路 （2）检修不间断电源逆变电路 （3）检修不间断电源控制电路
	2-2 非工频设备装调维修	2-2-1 能对中高频淬火设备可控整流电源进行调试	（1）分析中高频淬火设备可控整流电源工作原理 （2）调试中高频淬火设备可控整流电源
		2-2-2 能对中高频淬火设备高压电子管三点振荡电路进行调试	（1）分析中高频淬火设备高压电子管三点振荡电路 （2）调试中高频淬火设备高压电子管三点振荡电路
		2-2-3 能对中高频淬火设备电容耦合电路进行调试	（1）分析中高频淬火设备电容耦合电路 （2）调试中高频淬火设备电容耦合电路
		2-2-4 能对中高频淬火设备加热变压器耦合电路进行调试	（1）调试中高频淬火设备加热变压器耦合电路
	2-3 调功器装调维修	2-3-1 能安装、调试调功器设备	（1）安装调功器设备 （2）调试调功器设备
		2-3-2 能检测调功器主电路、控制电路输出波形	（1）检测调功器主电路输出波形 （2）检测调功器控制电路输出波形
		2-3-3 能排除调功器内部主电路故障	（1）分析调功器内部主电路故障 （2）排除调功器内部主电路故障
3.自动控制电路装调维修	3-1 可编程控制系统分析、编程与调试维修	3-1-1 能使用基本指令编写自动洗衣机、机械手或类似难度的可编程控制器控制程序	（1）使用基本指令编写自动洗衣机的控制程序 （2）使用基本指令编写机械手的控制程序

续表

职业功能模块	培训内容	技能目标	培训细目
3. 自动控制电路装调维修	3-1 可编程控制系统分析、编程与调试维修	3-1-2 能用可编程控制器改造C6140车床、T68镗床、X62W铣床或类似难度的继电控制电路	（1）用可编程控制器改造C6140车床继电控制电路 （2）用可编程控制器改造T68镗床继电控制电路 （3）用可编程控制器改造X62W铣床继电控制电路
		3-1-3 能模拟调试以基本指令为主的可编程控制器程序	（1）可编程控制器仿真软件的使用 （2）模拟调试可编程控制器程序
		3-1-4 能现场调试以基本指令为主的可编程控制器程序	（1）现场调试可编程控制器程序
		3-1-5 能根据可编程控制器面板指示灯，借助编程软件、仪器仪表分析可编程控制系统的故障范围	（1）判断可编程控制器硬件故障 （2）判断可编程控制器外围电路故障
		3-1-6 能排除可编程控制系统中开关、传感器、执行机构等外围设备电气故障	（1）排除可编程控制系统中开关、传感器的电气故障 （2）排除可编程控制系统中执行机构等外围设备电气故障
	3-2 单片机控制电路装调	3-2-1 能根据单片机控制电路接线图完成单片机控制系统接线	（1）识读单片机控制接线图 （2）单片机控制系统接线
		3-2-2 能使用编程软件完成上位机与单片机之间的程序传递	（1）建立上位机与单片机之间的通信 （2）完成上位机与单片机之间的程序传递
		3-2-3 能分析信号灯闪烁控制或类似难度的单片机控制程序	（1）分析信号灯闪烁单片机控制电路 （2）分析信号灯闪烁单片机控制程序
	3-3 消防电气系统装调维修	3-3-1 能检修消防泵的启动、停止电路	（1）检修消防泵的启动电路 （2）检修消防泵的停止电路
		3-3-2 能检修消防系统用传感器	（1）识别消防系统用传感器 （2）检修消防系统用传感器
		3-3-3 能检修消防联动系统	（1）分析消防联动系统 （2）检修消防联动系统
		3-3-4 能检修消防主机控制系统	（1）分析消防主机控制系统 （2）检修消防主机控制系统
		3-3-5 能设置消防系统人机界面	（1）设置消防系统人机界面

续表

职业功能模块	培训内容	技能目标	培训细目
3.自动控制电路装调维修	3-4 冷水机组电控设备维修	3-4-1 能检修冷水机组的启动、停止电路	(1)检修冷水机组的启动电路 (2)检修冷水机组的停止电路
		3-4-2 能检修冷水机组的流量控制电路	(1)分析冷水机组的流量控制电路 (2)检修冷水机组的流量控制电路
		3-4-3 能检修冷水机组的温度控制电路	(1)分析冷水机组的温度控制电路 (2)检修冷水机组的温度控制电路
		3-4-4 能检修冷水机组的制冷量控制电路	(1)分析冷水机组的制冷量控制电路 (2)检修冷水机组的制冷量控制电路
4.应用电子电路调试维修	4-1 电子电路分析测绘	4-1-1 能对由集成运算放大器组成的应用电路进行测绘	(1)分析集成运算放大电路工作原理 (2)测绘集成运算放大电路
		4-1-2 能分析由分立元件、集成运算放大器组成的应用电子电路的功能、用途	(1)分析分立元件运算放大器电路的功能、用途 (2)分析集成运算放大器电路的功能、用途
	4-2 电子电路调试维修	4-2-1 能对编码器、译码器等组合逻辑电路进行调试维修	(1)调试维修编码器组合逻辑电路 (2)调试维修译码器组合逻辑电路
		4-2-2 能对寄存器、计数器等时序逻辑电路进行调试维修	(1)调试维修寄存器时序逻辑电路 (2)调试维修计数器时序逻辑电路
		4-2-3 能分析由555集成电路组成的定时器等常用电子电路的功能、用途	(1)分析由555集成电路组成的定时器电路的功能 (2)分析由555集成电路组成的定时器电路的用途
		4-2-4 能对小型开关稳压电路进行调试维修	(1)分析小型开关稳压电路工作原理 (2)调试维修小型开关稳压电路
	4-3 电力电子电路分析测绘	4-3-1 能对晶闸管触发电路进行测绘	(1)测绘晶闸管触发电路 (2)分析晶闸管触发电路工作原理
		4-3-2 能对相控整流主电路、触发电路工作波形进行测绘	(1)测绘相控整流主电路工作波形 (2)测绘相控整流触发电路工作波形
	4-4 电力电子电路调试维修	4-4-1 能利用示波器对相控整流主电路、触发电路进行波形测量和调试	(1)测量和调试相控整流主电路波形 (2)测量和调试相控整流触发电路波形
		4-4-2 能对相控整流主电路、触发电路进行维修	(1)维修相控整流主电路 (2)维修相控整流触发电路

续表

职业功能模块	培训内容	技能目标	培训细目
5.交直流传动系统装调维修	5-1 交直流传动系统安装	5-1-1 能识读分析交直流传动系统图	(1) 识读交直流传动系统图 (2) 分析交直流传动系统图
		5-1-2 能对交直流传动系统的设备、器件进行检查确认	(1) 检查交直流传动系统设备 (2) 检查交直流传动系统器件
		5-1-3 能对交直流传动系统设备进行安装	(1) 安装交流传动系统设备 (2) 安装直流传动系统设备
	5-2 交直流传动系统调试	5-2-1 能分析交直流传动系统中各单元电路工作原理	(1) 分析交流调速系统 (2) 分析直流调速系统
		5-2-2 能对交直流调速电路进行调试	(1) 调试串级调速电路 (2) 调试电磁转差离合器调速电路 (3) 调试变频调速电路
	5-3 交直流传动系统维修	5-3-1 能分析判断交直流传动系统的故障原因	(1) 分析判断交流传动系统的故障原因 (2) 分析判断直流传动系统的故障原因
		5-3-2 能对交直流传动装置及外围电路故障进行分析、排除	(1) 分析交直流传动装置及外围电路故障 (2) 排除交直流传动装置及外围电路故障

2.1.5 二级/技师职业技能培训要求

职业功能模块	培训内容	技能目标	培训细目
1.电气设备（装置）装调维修	1-1 数控机床电气控制装置装调维修	1-1-1 能对编码器、光栅尺进行调整	(1) 调整编码器 (2) 调整光栅尺
		1-1-2 能对数控机床电气线路进行装调维修	(1) 安装数控机床电气线路 (2) 调试维修数控机床电气线路
	1-2 工业机器人调试	1-2-1 能对工业机器人外围线路进行连接、调试	(1) 连接工业机器人外围线路 (2) 调试工业机器人外围线路
		1-2-2 能对工业机器人进行示教编程	(1) 示教器的使用 (2) 对工业机器人进行示教编程
		1-2-3 能对工业机器人进行保养	(1) 工业机器人保养

续表

职业功能模块	培训内容	技能目标	培训细目
1.电气设备（装置）装调维修	1-3 单片机控制的电气装置装调维修	1-3-1 能编写、调试电动机启停控制或类似难度的单片机程序	（1）编写、调试控制电动机启停的单片机程序 （2）编写、调试控制电动机正反转的单片机程序
		1-3-2 能调试以基本指令为主的单片机程序	（1）分析单片机程序 （2）调试以基本指令为主的单片机程序
		1-3-3 能使用编程软件、仪器仪表划定单片机控制的电气装置的故障范围	（1）使用编程软件划定单片机控制的电气装置的故障范围 （2）使用仪器仪表划定单片机控制的电气装置的故障范围
		1-3-4 能排除单片机控制的电气装置电气故障	（1）排除单片机控制的电气装置电气故障
2.自动控制电路装调维修	2-1 可编程控制系统编程与维护	2-1-1 能对模拟量输入输出模块进行程序分析、程序编制	（1）分析模拟量输入输出模块程序 （2）编制模拟量输入输出模块控制程序
		2-1-2 能选用和连接触摸屏	（1）选用触摸屏 （2）连接触摸屏
		2-1-3 能设置触摸屏与可编程控制器之间的通信参数	（1）设置触摸屏的通信参数 （2）设置可编程控制器的通信参数
		2-1-4 能编辑和修改触摸屏组态画面	（1）编辑触摸屏组态画面 （2）修改触摸屏组态画面
		2-1-5 能判断、排除可编程控制器功能模块故障	（1）判断可编程控制器功能模块故障 （2）排除可编程控制器功能模块故障
	2-2 风力发电系统电气设备维护	2-2-1 能对风力发电变桨系统进行维护	（1）分析风力发电变桨系统的组成及工作原理 （2）维护风力发电变桨系统
		2-2-2 能对风力发电解缆系统进行维护	（1）分析风力发电解缆系统的组成及工作原理 （2）维护风力发电解缆系统
	2-3 光伏发电系统电气设备维护	2-3-1 能对太阳能电池应用电路进行维护	（1）分析太阳能电池应用电路的组成及工作原理 （2）维护太阳能电池应用电路
		2-3-2 能对光伏发电系统电路进行维护	（1）分析光伏发电系统电路的组成及工作原理 （2）维护光伏发电系统电路

续表

职业功能模块	培训内容	技能目标	培训细目
2.自动控制电路装调维修	2-4 双闭环直流调速系统装调维修	2-4-1 能对双闭环直流调速系统组成设备、器件进行检查确认	(1) 检查双闭环直流调速系统组成设备 (2) 检查双闭环直流调速系统组成器件
		2-4-2 能对速度环、电流环进行调试	(1) 速度环的调试 (2) 电流环的调试
		2-4-3 能分析判断双闭环直流调速系统故障原因	(1) 分析双闭环直流调速系统故障原因 (2) 判断双闭环直流调速系统故障范围
		2-4-4 能排除双闭环直流调速装置及外围电路故障	(1) 排除双闭环直流调速装置故障 (2) 排除双闭环直流调速装置外围电路故障
	2-5 变频恒压供水系统装调维修	2-5-1 能对变频恒压供水系统组成设备、器件进行检查确认	(1) 变频恒压供水系统组成设备的检查 (2) 变频恒压供水系统组成器件的检查
		2-5-2 能对变频恒压供水系统设备进行安装	(1) 安装变频恒压供水系统主电路 (2) 安装变频恒压供水系统控制电路
		2-5-3 能对变频恒压供水系统电路进行调试	(1) 分析变频恒压供水系统电路的工作原理 (2) 调试变频恒压供水系统电路
		2-5-4 能对变频恒压供水系统电路进行故障排除	(1) 分析变频恒压供水系统电路故障原因 (2) 排除变频恒压供水系统电路故障
		2-5-5 能对PID调节器进行安装接线	(1) 分析PID调节器的工作原理 (2) 安装PID调节器
		2-5-6 能根据控制特性要求设置、调整PID调节器参数	(1) 设置PID调节器参数 (2) 根据控制特性要求,调整PID调节器参数
		2-5-7 能对PID调节器进行自整定调试	(1) PID调节器的自整定调试
3.应用电子电路调试维修	3-1 电子电路分析测绘	3-1-1 能对由组合逻辑电路组成的电子应用电路进行分析测绘	(1) 分析由组合逻辑电路组成的电子应用电路 (2) 测绘由组合逻辑电路组成的电子应用电路
		3-1-2 能对由时序逻辑电路组成的电子应用电路进行分析测绘	(1) 分析由时序逻辑电路组成的电子应用电路 (2) 测绘由时序逻辑电路组成的电子应用电路

续表

职业功能模块	培训内容	技能目标	培训细目
3.应用电子电路调试维修	3-2 电子电路调试维修	3-2-1 能对A/D、D/A应用电路进行调试	(1)调试A/D应用电路 (2)调试D/A应用电路
		3-2-2 能对寄存器型N进制计数器应用电路进行调试	(1)分析寄存器型N进制计数器应用电路工作原理 (2)调试寄存器型N进制计数器应用电路
		3-2-3 能对中小规模集成电路的外围电路进行维修	(1)分析中小规模集成电路的外围电路故障原因 (2)维修中小规模集成电路的外围电路
	3-3 电力电子电路分析测绘	3-3-1 能测绘三相整流变压器△/Y—11或Y/Y—12联结组别	(1)测绘三相整流变压器△/Y—11联结组别 (2)测绘三相整流变压器Y/Y—12联结组别
		3-3-2 能测绘晶闸管触发电路、主电路波形	(1)测绘晶闸管触发电路波形 (2)测绘晶闸管主电路波形
		3-3-3 能测绘直流斩波器电路波形	(1)测绘直流斩波器电路波形 (2)分析直流斩波器电路波形
	3-4 电力电子电路调试维修	3-4-1 能根据三相整流变压器△/Y—11或Y/Y—12联结组别号进行接线	(1)根据三相整流变压器△/Y—11联结组别号进行接线 (2)根据三相整流变压器Y/Y—12联结组别号进行接线
		3-4-2 能分析、排除三相可控整流电路故障	(1)分析三相可控整流电路故障 (2)排除三相可控整流电路故障
		3-4-3 能根据需要对直流斩波器输出波形进行调整	(1)分析直流斩波器工作原理 (2)调整直流斩波器输出波形
4.交直流传动及伺服系统调试维修	4-1 交直流传动系统调试维修	4-1-1 能分析造纸机交直流调速系统或类似难度的电气控制系统原理图	(1)分析造纸机交直流调速系统电气原理图
		4-1-2 能对造纸机交直流调速系统或类似难度的电气传动系统进行调试、维修	(1)调试造纸机交直流调速系统 (2)维修造纸机交直流调速系统

续表

职业功能模块	培训内容	技能目标	培训细目
4.交直流传动及伺服系统调试维修	4-2 伺服系统调试维修	4-2-1 能对步进电动机驱动装置进行安装、调试	（1）安装步进电动机驱动装置 （2）调试步进电动机驱动装置
		4-2-2 能分析、排除步进电动机驱动器主电路故障	（1）分析步进电动机驱动器主电路故障 （2）排除步进电动机驱动器主电路故障
		4-2-3 能分析交直流伺服系统电气控制原理图	（1）分析交直流伺服系统电气控制原理图
		4-2-4 能对交直流伺服系统进行调试、维修	（1）调试交直流伺服系统 （2）维修交直流伺服系统
5.培训与技术管理	5-1 培训指导	5-1-1 能编写培训教案	（1）编写培训教案
		5-1-2 能对本职业三级/高级工及以下人员进行理论培训	（1）对本职业三级/高级工及以下人员进行理论培训
		5-1-3 能对本职业三级/高级工及以下人员进行操作技能指导	（1）对本职业三级/高级工及以下人员进行操作培训
	5-2 技术管理	5-2-1 能进行电气设备检修管理	（1）实施电气设备检修管理
		5-2-2 能进行电气设备维护质量管理	（1）实施电气设备维护质量管理
		5-2-3 能制定电气设备大、中修方案	（1）制定电气设备中修方案 （2）制定电气设备大修方案

2.1.6 一级/高级技师职业技能培训要求

职业功能模块	培训内容（课程）	技能目标	培训细目
1.电气设备（装置）装调维修	1-1 数控机床电气系统故障判断与维修	1-1-1 能判断数控机床主轴电气控制线路故障	（1）判断数控机床主轴电气控制线路故障
		1-1-2 能排除数控机床主轴电气控制线路故障	（1）排除数控机床主轴电气控制线路故障
		1-1-3 能判断数控机床伺服系统相关线路故障	（1）判断数控机床伺服系统相关线路故障
		1-1-4 能排除数控机床伺服系统相关线路故障	（1）排除数控机床伺服系统相关线路故障
		1-1-5 能判断数控机床检测电路故障	（1）判断数控机床检测电路故障
		1-1-6 能排除数控机床检测电路故障	（1）排除数控机床检测电路故障

续表

职业功能模块	培训内容（课程）	技能目标	培训细目
1. 电气设备（装置）装调维修	1-2 复杂生产线电气传动控制设备调试与维修	1-2-1 能分析多辊连轧机或类似难度的电气控制系统原理	（1）分析多辊连轧机的电气控制系统原理
		1-2-2 能对多辊连轧机或类似难度的电气传动系统进行调试、维修	（1）调试多辊连轧机的电气传动系统 （2）维修多辊连轧机的电气传动系统
2. 电气自动控制系统调试维修	2-1 电气自动控制系统分析、测绘	2-1-1 能分析工业自动控制系统电气控制原理	（1）分析工业自动控制系统电气控制原理
		2-1-2 能按控制要求测绘电气自动控制系统原理图	（1）测绘电气自动控制系统原理图
		2-1-3 能对电气自动控制系统提出技术改进建议	（1）提出电气自动控制系统的技术改进建议
	2-2 工业控制网络系统调试与维修	2-2-1 能分析工厂自动化系统的现场总线组成	（1）分析工厂自动化系统的现场总线组成
		2-2-2 能分析工厂自动化系统的工业以太网结构	（1）分析工厂自动化系统的工业以太网结构
		2-2-3 能根据要求选用通信设备、器件	（1）选用通信设备 （2）选用通信器件
		2-2-4 能选用数据传输介质，对网络进行布线、连接	（1）选用数据传输介质 （2）网络布线、连接
		2-2-5 能对工业控制网络上的各节点进行组态、参数配置	（1）组态工业控制网络上的各节点 （2）配置工业控制网络上的各节点参数
		2-2-6 能根据网络通信协议选择各控制节点之间的数据交换方式	（1）选择各控制节点之间的数据交换方式
	2-3 可编程控制系统调试与维修	2-3-1 能用可编程控制器特殊功能块、功能指令对控制程序进行编制、修改	（1）用可编程控制器特殊功能块、功能指令对控制程序进行编制 （2）用可编程控制器特殊功能块、功能指令对控制程序进行修改
		2-3-2 能调试、维修由可编程控制器、触摸屏、传感器、变频器、伺服系统、执行部件组成的多功能控制系统	（1）调试由可编程控制器、触摸屏、传感器、变频器、伺服系统、执行部件组成的多功能控制系统 （2）维修由可编程控制器、触摸屏、传感器、变频器、伺服系统、执行部件组成的多功能控制系统

续表

职业功能模块	培训内容（课程）	技能目标	培训细目
2. 电气自动控制系统调试维修	2-3 可编程控制系统调试与维修	2-3-3 能设置可编程控制器之间、可编程控制器与其他智能设备之间的通信参数	（1）设置可编程控制器之间的通信参数 （2）设置可编程控制器与其他智能设备之间的通信参数
3. 培训与技术管理	3-1 培训指导	3-1-1 能制定培训方案	（1）制定培训方案
		3-1-2 能对本职业二级/技师及以下人员进行理论培训	（1）对本职业技师及以下人员进行理论培训
		3-1-3 能对本职业二级/技师及以下人员进行操作技能指导	（1）对本职业技师及以下人员进行操作技能指导
	3-2 技术管理	3-2-1 能编写电气控制系统安装工艺、验收方案	（1）编写电气控制系统安装工艺 （2）编写电气控制系统验收方案
		3-2-2 能对工艺线路、控制方案等提出优化建议	（1）对工艺线路提出优化建议 （2）对控制方案提出优化建议
		3-2-3 能对技术改造项目进行成本核算	（1）核算技术改造项目成本

2.2 课程规范

2.2.1 职业基本素质培训课程规范

模块	课程	学习单元	课程内容	培训建议	课堂学时
1. 职业道德	1-1 职业认识	（1）职业认知	1）电工职业的定义 2）电工的工作内容 3）电工的职业能力特征	（1）方法：讲授法、案例教学法 （2）重点与难点：电工的工作内容	1
	1-2 职业道德基本知识	（1）道德与职业道德	1）职业道德 ①职业道德的概念 ②各行业共同的职业道德 ③加强职业道德修养 2）电工职业道德规范	（1）方法：讲授法、案例教学法 （2）重点与难点：电工的职业道德规范	1

续表

模块	课程	学习单元	课程内容	培训建议	课堂学时
1．职业道德	1-3 职业守则	（1）电工职业守则	1）遵纪守法，爱岗敬业 2）精益求精，勇于创新 3）爱护设备，安全操作 4）遵守规程，执行工艺 5）保护环境，文明生产	（1）方法：讲授法、案例教学法 （2）重点与难点：电工职业守则	1
2．基础知识	2-1 电工基础知识	（1）直流电路基本知识	1）电流、电压、电动势的基本概念及其单位换算 2）电阻的概念、电阻与温度的关系 3）欧姆定律、基尔霍夫定律 4）电能、电功率及焦耳定律	（1）方法：讲授法、演示法 （2）重点：欧姆定律、基尔霍夫定律 （3）难点：基尔霍夫定律的应用	6
		（2）电磁基本知识	1）磁场的产生及性质 2）电磁感应产生条件 3）自感与互感 4）常用磁性材料	（1）方法：讲授法、演示法 （2）重点与难点：电磁学的基本知识和基本定律	6
		（3）交流电路基本知识	1）单相正弦交流电路概念 2）单相交流电路的分析 3）提高功率因数的意义和方法 4）三相交流电路基本知识 5）三相交流电路的简单分析	（1）方法：讲授法、演示法 （2）重点与难点：正弦交流电三要素，三相四线制中三相负载的接法	6
		（4）电工识图基本知识	1）电工图的种类 2）电工图识读基本方法 3）室内照明电气图的识读 4）工厂、车间线路布置图的识读	（1）方法：讲授法、演示法 （2）重点与难点：工厂、车间线路布置图的识读	4
		（5）电力变压器的识别与分类	1）单相变压器 2）三相变压器	（1）方法：讲授法、演示法 （2）重点与难点：单相、三相变压器的识别与分类	2
		（6）常用电机的识别与分类	1）直流电动机 2）单相异步电动机 3）三相异步电动机	（1）方法：讲授法、演示法 （2）重点与难点：常用电机的识别与分类	2

续表

模块	课程	学习单元	课程内容	培训建议	课堂学时
2. 基础知识	2-1 电工基础知识	（7）常用低压电器的识别与分类	1）低压断路器 2）按钮、行程开关 3）交流接触器 4）时间继电器 5）熔断器 6）热继电器 7）速度继电器	（1）方法：讲授法、演示法 （2）重点与难点：常用低压电器的识别与分类	2
	2-2 电子技术基本知识	（1）常用电子元器件的图形符号和文字符号	1）常用电子元器件的图形符号和文字符号 2）常用电子元器件型号命名方法	（1）方法：讲授法、演示法 （2）重点与难点：常用电子元器件图形符号和文字符号的识别	2
		（2）二极管基本知识	1）二极管的分类及特性 2）二极管的判别	（1）方法：讲授法、演示法 （2）重点：二极管的特性 （3）难点：二极管的判别	2
		（3）三极管基本知识	1）三极管的分类及特性 2）三极管的判别	（1）方法：讲授法、演示法 （2）重点：三极管的特性 （3）难点：三极管的判别	4
		（4）整流、滤波、稳压电路基本应用	1）整流电路 2）滤波电路 3）稳压电路	（1）方法：讲授法、演示法 （2）重点：整流、滤波、稳压电路的工作原理 （3）难点：整流、滤波、稳压电路的应用	4

续表

模块	课程	学习单元	课程内容	培训建议	课堂学时
2．基础知识	2-3 常用电工工具、量具使用知识	（1）常用电工工具、量具使用知识	1）常用电工工具及其使用 ①旋具 ②电工刀 ③扳手 ④钳类工具 ⑤验电器 ⑥电烙铁 2）常用电工量具及其使用 ①钢直尺 ②卡钳 ③游标读数类量具 ④角度量具 ⑤水平仪	（1）方法：讲授法、演示法 （2）重点与难点：常用电工工具、量具的使用	3
	2-4 常用电工仪器、仪表使用知识	（1）常用电工仪器、仪表使用知识	1）电工测量基础知识 2）常用电工仪表及其使用 ①万用表 ②钳形电流表 ③兆欧表 ④电能表 3）常用电工仪器及其使用 ①示波器 ②信号发生器	（1）方法：讲授法、演示法 （2）重点与难点：常用电工仪器、仪表的使用	6
	2-5 常用电工材料选型知识	（1）常用电工材料选型知识	1）常用导电材料的分类及其应用 2）常用绝缘材料的分类及其应用 3）常用磁性材料的分类及其应用	（1）方法：讲授法、演示法 （2）重点：常用导电材料的选用 （3）难点：常用绝缘材料的选用	3
	2-6 安全知识	（1）安全知识	1）电工安全基本知识 2）电工安全用具 3）触电急救知识 4）电气消防、接地、防雷等基本知识 5）安全距离、安全色和安全标志等国家标准规定 6）电气安全装置及电气安全操作规程	（1）方法：讲授法、演示法 （2）重点：电工安全、触电急救、电气消防、接地基本知识 （3）难点：触电急救、电气安全装置及电气安全操作规程	8

续表

模块	课程	学习单元	课程内容	培训建议	课堂学时
2. 基础知识	2-7 其他相关知识	（1）其他相关知识	1）供电和用电基本知识 2）钳工划线、钻孔等基础知识 3）质量管理知识 4）环境保护知识 5）现场文明生产知识	（1）方法：讲授法、演示法 （2）重点：供电和用电基本知识 （3）难点：钳工划线、钻孔等基础知识	5
3. 法律法规	3-1 相关法律、法规知识	（1）相关法律、法规知识	1）《中华人民共和国劳动合同法》相关知识 2）《中华人民共和国电力法》相关知识 3）《中华人民共和国安全生产法》相关知识 4）《特种作业人员安全技术培训考核管理规定》相关知识	（1）方法：讲授法 （2）重点：《中华人民共和国电力法》相关知识	2
课堂学时合计					70

2.2.2　五级/初级职业技能培训课程规范

模块	课程	学习单元	课程内容	培训建议	课堂学时
1. 电器安装和线路敷设	1-1 低压电器选用	（1）识别和选用常用低压电器	1）刀开关 ①图形符号、文字符号 ②工作原理及使用方法 ③规格、型号的识别和选用 2）熔断器 3）断路器 4）接触器 5）热继电器 6）主令电器 7）漏电保护器 8）指示灯	（1）方法：讲授法、演示法、实训（练习）法 （2）重点：常用低压电器的规格、型号识别 （3）难点：常用低压电器的规格、型号选用	8

课程规范（五级/初级）

续表

模块	课程	学习单元	课程内容	培训建议	课堂学时
1.电器安装和线路敷设	1-1 低压电器选用	（2）识别防爆电气设备的防爆型式、防爆标识	1) 防爆电气设备的标识、等级 2) 识别防爆电气设备的防爆型式、防爆标识	（1）方法：讲授法、演示法、实训（练习）法 （2）重点与难点：识别防爆电气设备的防爆型式、防爆标识	2
	1-2 电工材料选用	（1）选用电线、电缆	1) 电线、电缆的分类、性能、使用方法 2) 电线、电缆的规格、型号 3) 导线载流量的计算 4) 电线、电缆的选用	（1）方法：讲授法、演示法、实训（练习）法 （2）重点：电线、电缆的选用 （3）难点：导线载流量的计算	2
		（2）选用电线管、桥架、线槽	1) 电工辅料的类型、选用方法 2) 选用电线管 3) 选用桥架 4) 选用线槽	（1）方法：讲授法、演示法、实训（练习）法 （2）重点与难点：电线管、桥架、线槽的选用	2
		（3）识别低压电缆接头、接线端子	1) 识别低压电缆接头 2) 识别低压接线端子	（1）方法：讲授法、演示法、实训（练习）法 （2）重点：低压电缆接头、接线端子的识别 （3）难点：低压电缆接头、接线端子的选用	2
	1-3 照明电路装调	（1）配备照明灯具并确定安装位置	1) 电光源及照明器材的种类 2) 日光灯等常用电光源的工作原理 3) 选用照明灯具 4) 确定照明灯具安装位置	（1）方法：讲授法、演示法、实训（练习）法 （2）重点与难点：灯具安装位置的确定	4

续表

模块	课程	学习单元	课程内容	培训建议	课堂学时
1. 电器安装和线路敷设	1-3 照明电路装调	（2）安装照明灯具	1）照明灯具安装规范 2）穿管电线安全载流量计算方法 3）安装照明灯具	（1）方法：讲授法、演示法、实训（练习）法 （2）重点：照明灯具的安装规范 （3）难点：照明灯具的安装	4
		（3）安装、调试照明线路	1）接线工艺规范 2）照明灯具的装具配备 3）家用照明线路的安装、接线与调试 4）车间照明线路的安装、接线与调试	（1）方法：讲授法、演示法、实训（练习）法 （2）重点：照明线路的安装 （3）难点：照明线路的调试	20
		（4）选择、安装有功电能表	1）有功电能表的结构和工作原理 2）选择有功电能表 3）安装有功电能表	（1）方法：讲授法、演示法、实训（练习）法 （2）重点：有功电能表的选择、安装 （3）难点：有功电能表的安装	4
	1-4 动力及控制电路装调	（1）安装配电箱（柜）	1）低压电器安装规范 2）低压保护系统分类 3）接地、接零安装规范 4）配电箱（柜）的安装要求 5）安装配电箱（柜）	（1）方法：讲授法、演示法、实训（练习）法 （2）重点：安装配电箱（柜） （3）难点：低压电器的规范安装	6
		（2）金属管的煨弯、穿线、固定	1）管线施工规范 2）金属管的煨弯 3）金属管的固定 4）金属管的穿线	（1）方法：讲授法、演示法、实训（练习）法 （2）重点与难点：煨弯金属管	8

续表

模块	课程	学习单元	课程内容	培训建议	课堂学时
1．电器安装和线路敷设	1-4 动力及控制电路装调	（3）电线保护管的切割、穿线、连接、敷设	1）室内电气布线规范 2）电线保护管的切割 3）电线保护管的穿线 4）电线保护管的连接 5）电线保护管的敷设	（1）方法：讲授法、演示法、实训（练习）法 （2）重点与难点：电线保护管的切割、穿线、连接、敷设	4
		（4）敷设电线电缆	1）敷设电线电缆的一般方法 2）使用线槽敷设电线电缆 3）使用槽板敷设电线电缆 4）使用桥架敷设电线电缆 5）使用拖链带敷设电线电缆	（1）方法：讲授法、演示法、实训（练习）法 （2）重点与难点：电线电缆的敷设	6
		（5）导线的直线和分支连接	1）单芯、多芯导线的连接方法 2）接线盒内导线的连接方法 3）识别、标注线号 4）导线的直线连接 5）导线的分支连接	（1）方法：讲授法、演示法、实训（练习）法 （2）重点：导线的连接 （3）难点：导线连接规范	6
		（6）选择和压接接线端子	1）选择接线端子 2）压接接线端子	（1）方法：讲授法、演示法、实训（练习）法 （2）重点与难点：选择和压接接线端子	2
		（7）动力配电线路的接线与调试	1）动力配电线路的接线 2）动力配电线路的调试	（1）方法：讲授法、演示法、实训（练习）法 （2）重点：动力配电线路的接线 （3）难点：动力配电线路的调试	6

续表

模块	课程	学习单元	课程内容	培训建议	课堂学时
2．继电控制电路装调维修	2-1 低压电器安装、维修	（1）安装、修理、更换常用低压电器	1）低压电器拆装工艺 2）按钮的安装、维修 ①按钮的功能、结构原理、种类 ②按钮的安装与使用 ③按钮常见故障及处理 3）继电器的安装、维修 ①继电器的功能、结构原理、种类 ②继电器的安装与使用 ③继电器常见故障及处理 4）接触器的安装、维修 ①接触器的功能、结构原理、种类 ②接触器的安装与使用 ③接触器常见故障及处理 5）指示灯的安装、维修 ①指示灯的功能、种类 ②指示灯的安装与使用 ③指示灯常见故障及处理 6）熔断器的安装、维修 ①熔断器的功能、结构原理、种类 ②熔断器的安装与使用 ③熔断器常见故障及处理	（1）方法：讲授法、演示法、实训（练习）法 （2）重点：低压电器的安装 （3）难点：低压电器的维修	8
		（2）检查、排除低压电器电路故障	1）低压电器电路故障检修的一般步骤 2）低压电器电路故障的检修	（1）方法：讲授法、演示法、实训（练习）法 （2）重点与难点：低压电器电路故障的检查与排除	4
		（3）检修手电钻线路	1）手持电动工具国家标准 2）手电钻的结构与原理 3）手电钻的常见故障及检修	（1）方法：讲授法、演示法、实训（练习）法 （2）重点与难点：手电钻的线路检修	4

课程规范（五级/初级）

续表

模块	课程	学习单元	课程内容	培训建议	课堂学时
2．继电控制电路装调维修	2-2 交流电动机接线、维护	（1）分辨控制变压器的同名端	1）变压器同名端的判断方法 2）用直流法判别控制变压器的同名端 3）用交流法判别控制变压器的同名端	（1）方法：讲授法、演示法、实训（练习）法 （2）重点与难点：变压器同名端的判别	2
		（2）分辨三相交流异步电动机绕组的首尾端	1）三相交流异步电动机的工作原理、分类 2）三相交流异步电动机绕组的首尾端判别	（1）方法：讲授法、演示法、实训（练习）法 （2）重点与难点：三相交流异步电动机绕组首尾端的判别	4
		（3）三相交流异步电动机主电路、控制电路的接线与维护	1）线路布线工艺 2）三相交流异步电动机正反转电路的接线与维护 3）三相交流异步电动机 Y/△ 启动电路接线、维护	（1）方法：讲授法、演示法、实训（练习）法 （2）重点：三相交流异步电动机正反转、Y/△启动控制电路接线、维护 （3）难点：三相交流异步电动机 Y/△ 启动控制电路的接线与维护	12
		（4）单相异步电动机的接线与维护	1）单相异步电动机的分类、工作原理 2）单相异步电动机的接线 3）单相异步电动机的维护 4）单相异步电动机的故障处理	（1）方法：讲授法、演示法、实训（练习）法 （2）重点与难点：单相异步电动机的接线与维护	4
		（5）三相交流异步电动机保养	1）电动机绝缘检测方法 2）三相交流异步电动机的拆装、保养	（1）方法：讲授法、演示法、实训（练习）法 （2）重点：三相异步电动机的拆装 （3）难点：三相交流异步电动机的保养	6

续表

模块	课程	学习单元	课程内容	培训建议	课堂学时
2.继电控制电路装调维修	2-3 低压动力控制电路维修	（1）识读电气原理图	1）电气原理图的识读与分析方法 2）识读元件布置图 3）识读安装接线图	（1）方法：讲授法、演示法、实训（练习）法 （2）重点与难点：识读与分析电气原理图	2
		（2）三相交流笼型异步电动机单方向运转控制电路的检查、调试、故障排除	1）三相交流笼型异步电动机单方向运转电路原理 2）三相交流笼型异步电动机点动控制电路的检查、调试、故障排除 3）三相交流笼型异步电动机自锁控制电路的检查、调试、故障排除 4）三相交流笼型异步电动机点动与自锁混合控制电路的检查、调试、故障排除	（1）方法：讲授法、演示法、实训（练习）法 （2）重点：三相交流笼型异步电动机自锁控制电路的检查、调试、故障排除 （3）难点：三相交流笼型异步电动机点动与自锁混合控制电路的故障排除	6
		（3）三相交流笼型异步电动机正反转控制电路的检查、调试、故障排除	1）三相交流笼型异步电动机正反转电路原理 2）三相交流笼型异步电动机接触器联锁正反转控制电路的检查、调试、故障排除 3）三相交流笼型异步电动机接触器按钮双重联锁正反转控制电路的检查、调试、故障排除	（1）方法：讲授法、演示法、实训（练习）法 （2）重点与难点：三相交流笼型异步电动机接触器按钮双重联锁正反转控制电路的检查、调试、故障排除	6

续表

模块	课程	学习单元	课程内容	培训建议	课堂学时
2．继电控制电路装调维修	2-3 低压动力控制电路维修	（4）三相交流笼型异步电动机降压启动控制电路的检查、调试、故障排除	1）三相交流笼型异步电动机Y/△启动控制电路原理 2）三相交流笼型异步电动机Y/△启动控制电路的检查、调试、故障排除 3）三相交流笼型异步电动机定子绕组串电阻启动控制电路的检查、调试、故障排除 4）三相交流笼型异步电动机自耦变压器降压启动控制电路的检查、调试、故障排除 5）三相交流笼型异步电动机延边△降压启动控制电路的检查、调试、故障排除	（1）方法：讲授法、演示法、实训（练习）法 （2）重点与难点：三相交流笼型异步电动机Y/△启动控制电路的检查、调试、故障排除	6
		（5）三相交流笼型多速异步电动机启动控制电路的检查、调试、故障排除	1）三相交流笼型多速异步电动机的工作原理 2）三相交流笼型双速异步电动机控制电路的检查、调试、故障排除 3）三相交流笼型三速异步电动机控制电路的检查、调试、故障排除	（1）方法：讲授法、演示法、实训（练习）法 （2）重点与难点：三相交流笼型双速异步电动机控制电路的检查、调试、故障排除	6
		（6）三相交流笼型异步电动机多处控制电路的检查、调试、故障排除	1）三相交流笼型异步电动机两处控制电路原理 2）三相交流笼型异步电动机两处控制电路的检查、调试、故障排除	（1）方法：讲授法、演示法、实训（练习）法 （2）重点与难点：三相交流笼型异步电动机两处控制电路的检查、调试、故障排除	4
		（7）三相交流笼型异步电动机电磁抱闸控制电路的检查、调试、故障排除	1）三相交流笼型异步电动机电磁抱闸电路原理 2）三相交流笼型异步电动机电磁抱闸断电制动控制电路的检查、调试、故障排除 3）三相交流笼型异步电动机电磁抱闸通电制动控制电路的检查、调试、故障排除	（1）方法：讲授法、演示法、实训（练习）法 （2）重点与难点：三相交流笼型异步电动机电磁抱闸控制电路的检查、调试、故障排除	4

续表

模块	课程	学习单元	课程内容	培训建议	课堂学时
3．基本电子电路装调维修	3-1 电子元件焊接作业	（1）选用焊接工具	1）常用焊接工具 2）电烙铁的选用	（1）方法：讲授法、演示法、实训（练习）法 （2）重点与难点：电烙铁的选用	2
		（2）焊前处理	1）焊丝的分类、选用方法 2）助焊剂的选用 3）焊前处理	（1）方法：讲授法、演示法、实训（练习）法 （2）重点与难点：助焊剂的选用、焊前处理	4
		（3）安装、焊接单面印制电路板	1）电子焊接工艺 2）单面印制电路板元件的安装 3）单面印制电路板元件的焊接	（1）方法：讲授法、演示法、实训（练习）法 （2）重点与难点：安装、焊接单面印制电路板	6
		（4）识别虚焊、假焊	1）常见焊接缺陷的产生原因、危害及防止措施 2）虚焊、假焊的识别	（1）方法：讲授法、演示法、实训（练习）法 （2）重点与难点：虚焊、假焊的识别	2
	3-2 电子电路调试、维修	（1）测量、调试、维修半波整流稳压电路	1）半导体器件的特性、工作原理 2）半波整流稳压电路的工作原理 3）半波整流稳压电路的测量、调试、维修	（1）方法：讲授法、演示法、实训（练习）法 （2）重点与难点：半波整流稳压电路的测量、调试、维修	6
		（2）测量、调试、维修全波整流稳压电路	1）全波整流稳压电路的工作原理（桥式） 2）全波整流稳压电路（桥式）的测量、调试、维修	（1）方法：讲授法、演示法、实训（练习）法 （2）重点与难点：全波整流稳压电路的测量、调试、维修	6
		（3）测量、调试、维修基本放大电路	1）基本放大电路的组成、工作原理 2）基本放大电路的测量、调试、维修（单管）	（1）方法：讲授法、演示法、实训（练习）法 （2）重点与难点：基本放大电路的测量、调试、维修	10
课堂学时合计					200

2.2.3 四级/中级职业技能培训课程规范

模块	课程	学习单元	课程内容	培训建议	课堂学时
1. 继电控制电路装调维修	1-1 低压电器选用	（1）选用中间继电器、时间继电器、计数器	1）中间继电器的种类、功能、结构原理 2）中间继电器的选用 3）时间继电器的种类、功能、结构原理 4）时间继电器的选用 5）计数器的种类、功能、结构原理 6）计数器的选用	（1）方法：讲授法、演示法、实训（练习）法 （2）重点与难点：时间继电器的选用	3
		（2）选用断路器、接触器、热继电器	1）断路器的种类、功能、结构原理 2）断路器的选用 3）接触器的种类、功能、结构原理 4）接触器的选用 5）热继电器的种类、功能、结构原理 6）热继电器的选用	（1）方法：讲授法、演示法、实训（练习）法 （2）重点：接触器的选用 （3）难点：热继电器的选用	3
	1-2 继电器、接触器线路装调	（1）安装、调试两台三相交流笼型异步电动机顺序控制电路	1）三相交流笼型异步电动机顺序控制电路原理 2）两台三相交流笼型异电动机主电路顺序控制电路的安装、调试 3）两台三相交流笼型异电动机控制电路顺序控制电路的安装、调试	（1）方法：讲授法、演示法、实训（练习）法 （2）重点与难点：两台三相交流笼型异步电动机顺序控制电路的安装、调试	8
		（2）安装、调试三相交流笼型异步电动机位置控制电路	1）三相交流笼型异步电动机位置控制电路原理 2）三相交流笼型异步电动机位置控制电路的安装、调试 3）三相交流笼型异步电动机自动往返控制电路的安装、调试	（1）方法：讲授法、演示法、实训（练习）法 （2）重点与难点：三相交流笼型异步电动机位置控制电路的安装、调试	8

续表

模块	课程	学习单元	课程内容	培训建议	课堂学时
1. 继电控制电路装调维修	1-2 继电器、接触器线路装调	（3）安装、调试三相交流绕线式异步电动机启动控制电路	1）三相交流绕线式异步电动机启动控制电路原理 2）三相交流绕线式异步电动机转子绕组串接电阻启动控制电路的安装、调试 3）三相交流绕线式异步电动机转子绕组串接频敏变阻器启动控制电路的安装、调试 4）三相交流绕线式异步电动机凸轮控制器控制电路的安装、调试	（1）方法：讲授法、演示法、实训（练习）法 （2）重点：三相交流绕线式异步电动机转子绕组串接电阻启动控制电路的安装、调试 （3）难点：三相交流绕线式异步电动机凸轮控制器控制电路的安装、调试	12
		（4）安装、调试三相交流异步电动机能耗制动控制电路	1）三相交流异步电动机能耗制动电路原理 2）三相交流异步电动机能耗制动控制电路的安装、调试	（1）方法：讲授法、演示法、实训（练习）法 （2）重点与难点：三相交流异步电动机能耗制动控制电路的安装、调试	4
		（5）安装、调试三相交流异步电动机反接制动控制电路	1）三相交流异步电动机反接制动电路原理 2）三相交流异步电动机反接制动控制电路的安装、调试	（1）方法：讲授法、演示法、实训（练习）法 （2）重点与难点：三相交流异步电动机反接制动控制电路的安装、调试	4
		（6）安装、调试三相交流异步电动机再生发电制动控制电路	1）三相交流异步电动机再生发电制动电路原理 2）三相交流异步电动机再生发电制动控制电路的安装、调试	（1）方法：讲授法、演示法、实训（练习）法 （2）重点与难点：三相交流异步电动机再生发电制动控制电路的安装、调试	4

续表

模块	课程	学习单元	课程内容	培训建议	课堂学时
1.继电控制电路装调维修	1-3 临时供电、用电设备设施的安装、维护	（1）安装、维护临时用电总配电箱、分配电箱、开关箱及线路	1）临时用电配电箱、开关箱安装规范 2）安装、维护临时用电总配电箱 3）安装、维护临时用电分配电箱 4）安装、维护临时用电开关箱 5）安装、维护临时用电线路	（1）方法：讲授法、演示法、实训（练习）法 （2）重点与难点：临时用电配电箱的安装、维护	12
		（2）选用、安装临时用电照明装置、隔离变压器	1）选用、安装临时用电照明装置 ①临时用电照明装置选用 ②临时用电照明装置的安装 2）选用、安装临时用电隔离变压器 ①临时用电隔离变压器的工作原理及选用 ②临时用电隔离变压器的安装	（1）方法：讲授法、演示法、实训（练习）法 （2）重点：选用、安装临时用电照明装置 （3）难点：选用、安装临时用电隔离变压器	6
		（3）安装、维护、拆除卷扬机、搅拌机等电动建筑机械	1）低压电器及电动机的防护等级 2）卷扬机的结构、工作原理 3）安装、维护、拆除卷扬机 4）搅拌机的结构、工作原理 5）安装、维护、拆除搅拌机	（1）方法：讲授法、演示法、实训（练习）法 （2）重点与难点：安装、维护搅拌机、卷扬机	8
		（4）安装、维护、拆除交流电焊机等移动式设备	1）交流电焊机的结构、工作原理 2）安装、维护交流电焊机 3）拆除交流电焊机	（1）方法：讲授法、演示法、实训（练习）法 （2）重点与难点：安装、维护交流电焊机	6

续表

模块	课程	学习单元	课程内容	培训建议	课堂学时
1.继电控制电路装调维修	1-3 临时供电、用电设备设施的安装、维护	（5）安装、维护临时用电设备的接地装置、独立避雷针	1）临时用电系统电气工作接地、保护接地（接零）等接地装置的安装规范 2）建筑物防雷设计规范 3）临时用电设备的接地装置的结构、工作原理 4）安装、维护临时用电设备的接地装置 5）独立避雷针的结构、工作原理 6）安装、维护独立避雷针	（1）方法：讲授法、演示法、实训（练习）法 （2）重点与难点：安装、维护临时用电设备的接地装置、独立避雷针	6
	1-4 机床电气控制电路调试、维修	（1）调试、检修C6140车床电气控制电路	1）机床电气故障分析、排除方法 2）C6140车床结构、运动形式及控制要求 3）C6140车床电气控制电路的组成、控制原理 4）调试C6140车床控制电路 5）排除C6140车床电气故障	（1）方法：讲授法、演示法、实训（练习）法 （2）重点：调试C6140车床电气控制电路 （3）难点：排除C6140车床电气故障	10
		（2）调试、检修M7130平面磨床电气控制电路	1）M7130平面磨床结构、运动形式及控制要求 2）M7130平面磨床电气控制电路组成、控制原理 3）调试M7130平面磨床控制电路 4）排除M7130平面磨床电气故障	（1）方法：讲授法、演示法、实训（练习）法 （2）重点：调试M7130平面磨床电气控制电路 （3）难点：排除M7130平面磨床电气故障	12

续表

模块	课程	学习单元	课程内容	培训建议	课堂学时
1.继电控制电路装调维修	1-4 机床电气控制电路调试、维修	（3）调试、检修Z37摇臂钻床电气控制电路	1）Z37摇臂钻床结构、运动形式及控制要求 2）Z37摇臂钻床电气控制电路组成、控制原理 3）调试Z37摇臂钻床控制电路 4）排除Z37摇臂钻床电气故障	（1）方法：讲授法、演示法、实训（练习）法 （2）重点：调试Z37摇臂钻床控制电路 （3）难点：排除Z37摇臂钻床电气故障	8
2.电气设备（装置）装调维修	2-1 可编程控制器控制电路装调	（1）连接可编程控制器线路	1）可编程控制器的结构、特点 2）可编程控制器工作原理 3）可编程控制器输入、输出接线规则 4）连接可编程控制器输入信号外围电路 5）连接可编程控制器输出信号外围电路	（1）方法：讲授法、演示法、实训（练习）法 （2）重点与难点：可编程控制器及其外围线路接线	6
		（2）可编程控制器程序的读写	1）可编程控制器编程软件的基本功能、使用方法 2）使用编程软件向可编程控制器中写程序 3）使用编程软件从可编程控制器中读程序	（1）方法：讲授法、演示法、实训（练习）法 （2）重点与难点：可编程控制器程序的读写	6
		（3）可编程控制器基本指令程序的编写、修改	1）可编程控制器基本指令的使用 2）可编程控制器定时器指令的使用 3）可编程控制器计数器指令的使用 4）三相异步电动机正反转控制控制程序的编写、修改	（1）方法：讲授法、演示法、实训（练习）法 （2）重点：可编程控制器定时器、计数器指令的使用 （3）难点：编写三台电动机顺序启停控制电路的控制程序	20

续表

模块	课程	学习单元	课程内容	培训建议	课堂学时
2.电气设备（装置）装调维修	2-1 可编程控制器控制电路装调	（3）可编程控制器基本指令程序的编写、修改	5）三相异步电动机Y/△启动控制程序的编写、修改		
			6）三台电动机顺序启停控制程序的编写、修改		
	2-2 常见电力电子装置维护	（1）识别软启动器操作面板、电源输入端、输出端、控制端	1）软启动器工作原理	（1）方法：讲授法、演示法、实训（练习）法 （2）重点：识别软启动器操作面板 （3）难点：软启动器的使用方法	6
			2）软启动器使用方法		
			3）识别软启动器操作面板		
			4）识别软启动器输入端、输出端		
			5）识别软启动器控制端		
		（2）判断、排除软启动器故障	1）软启动器常见故障的类型	（1）方法：讲授法、演示法、实训（练习）法 （2）重点与难点：软启动器故障判断、排除	6
			2）软启动器故障的判断、排除		
		（3）设置充电桩参数	1）充电桩工作原理	（1）方法：讲授法、演示法、实训（练习）法 （2）重点与难点：充电桩参数设置	4
			2）充电桩的使用方法		
			3）充电桩的主要参数		
			4）充电桩参数设置		
		（4）检修充电桩电路	1）充电桩电路常见故障类型	（1）方法：讲授法、演示法、实训（练习）法 （2）重点与难点：充电桩电路的检修	8
			2）检修充电桩电路		
3.自动控制电路装调维修	3-1 传感器装调	（1）选择传感器类型	1）传感器的分类	（1）方法：讲授法、演示法、实训（练习）法 （2）重点与难点：传感器的选用	2
			2）传感器的结构		
			3）传感器的选用		

续表

模块	课程	学习单元	课程内容	培训建议	课堂学时
3.自动控制电路装调维修	3-1 传感器装调	（2）安装、调试光电开关	1）光电开关的工作原理、使用方法	（1）方法：讲授法、演示法、实训（练习）法 （2）重点：安装、调试光电开关 （3）难点：调试光电开关	2
			2）安装光电开关		
			3）调试光电开关		
		（3）安装、调试霍尔开关	1）霍尔开关的工作原理、使用方法	（1）方法：讲授法、演示法、实训（练习）法 （2）重点：安装、调试霍尔开关 （3）难点：调试霍尔开关	2
			2）安装霍尔开关		
			3）调试霍尔开关		
		（4）安装、调试电感式开关	1）电感式开关的工作原理、使用方法	（1）方法：讲授法、演示法、实训（练习）法 （2）重点：安装、调试电感式开关 （3）难点：调试电感式开关	2
			2）安装电感式开关		
			3）调试电感式开关		
		（5）安装、调试电容式开关	1）电容式开关的工作原理、使用方法	（1）方法：讲授法、演示法、实训（练习）法 （2）重点：安装、调试电容式开关 （3）难点：调试电容式开关	2
			2）安装电容式开关		
			3）调试电容式开关		
	3-2 专用继电器装调	（1）安装、调试速度继电器	1）速度继电器的工作原理、使用方法	1）方法：讲授法、演示法、实训（练习）法 （2）重点：安装、调试速度继电器 （3）难点：安装速度继电器	2
			2）安装速度继电器		
			3）调试速度继电器		

续表

模块	课程	学习单元	课程内容	培训建议	课堂学时
3.自动控制电路装调维修	3-2 专用继电器装调	(2) 安装、调试温度继电器	1) 温度继电器的工作原理、使用方法 2) 安装温度继电器 3) 调试温度继电器	(1) 方法：讲授法、演示法、实训（练习）法 (2) 重点：安装、调试温度继电器 (3) 难点：调试温度继电器	2
		(3) 安装、调试压力继电器	1) 压力继电器的工作原理、使用方法 2) 安装压力继电器 3) 调试压力继电器	(1) 方法：讲授法、演示法、实训（练习）法 (2) 重点：安装、调试压力继电器 (3) 难点：调试压力继电器	2
4.基本电子电路装调维修	4-1 仪器仪表使用	(1) 单、双臂电桥测量电阻	1) 单臂电桥的结构、原理 2) 使用单臂电桥测量电阻 3) 双臂电桥的结构、原理 4) 使用双臂电桥测量电阻	(1) 方法：讲授法、演示法、实训（练习）法 (2) 重点与难点：单、双臂电桥的使用	4
		(2) 信号发生器的使用	1) 信号发生器的使用方法 2) 使用信号发生器产生三角波信号 3) 使用信号发生器产生正弦波信号 4) 使用信号发生器产生矩形波信号	(1) 方法：讲授法、演示法、实训（练习）法 (2) 重点与难点：信号发生器的使用	2
		(3) 测量波形的幅值、频率	1) 示波器的使用方法 2) 测量波形的幅值、频率	(1) 方法：讲授法、演示法、实训（练习）法 (2) 重点与难点：用示波器测量波形的幅值、频率	2

续表

模块	课程	学习单元	课程内容	培训建议	课堂学时
4. 基本电子电路装调维修	4-2 电子元器件选用	（1）选用78、79系列集成电路	1）78、79系列三端稳压集成电路的功能	（1）方法：讲授法、演示法、实训（练习）法 （2）重点与难点：78、79系列三端稳压集成电路选用	2
			2）78、79系列三端稳压集成电路的选用		
		（2）选用晶闸管	1）晶闸管的结构、工作原理	（1）方法：讲授法、演示法、实训（练习）法 （2）重点与难点：晶闸管的选用	2
			2）调光电路晶闸管的选用		
			3）调速电路晶闸管的选用		
	4-3 电子线路装调维修	（1）78、79系列集成电路的安装、调试、故障排除	1）78、79系列三端稳压集成电路的原理	（1）方法：讲授法、演示法、实训（练习）法 （2）重点与难点：稳压电路（78、79系列）的安装、调试、故障排除	12
			2）稳压电路（78、79系列）的安装、调试		
			3）稳压电路（78、79系列）的故障排除		
		（2）阻容耦合放大电路的安装、调试、故障排除	1）阻容耦合放大电路工作原理	（1）方法：讲授法、演示法、实训（练习）法 （2）重点：安装、调试阻容耦合放大电路 （3）难点：排除阻容耦合放大电路故障	12
			2）阻容耦合放大电路中元器件的识别与检测		
			3）安装、调试阻容耦合放大电路		
			4）排除阻容耦合放大电故障路		
		（3）单相晶闸管整流电路的安装、调试、故障排除	1）单相晶闸管整流电路的工作原理	（1）方法：讲授法、演示法、实训（练习）法 （2）重点：安装、调试单相晶闸管整流电路 （3）难点：排除单相晶闸管整流电路故障	8
			2）单相晶闸管整流电路中元器件的识别与检测		
			3）安装、调试单相晶闸管整流电路		
			4）排除单相晶闸管整流电路故障		
课堂学时合计					230

2.2.4 三级/高级职业技能培训课程规范

模块	课程	学习单元	课程内容	培训建议	课堂学时
1. 继电控制电路装调维修	1-1 继电器、接触器控制电路测绘、分析	(1) 分析、选择多台联动三相交流异步电动机控制方案	1）电气控制方案分析方法 2）分析、选择多台联动三相交流异步电动机控制方案	(1) 方法：讲授法、演示法、实训（练习）法 (2) 重点与难点：多台联动三相交流异步电动机控制方案的分析、选择	6
		(2) 测绘、分析T68镗床、X62W铣床的电气控制电路接线图	1）电气接线图测绘步骤、分析方法 2）测绘、分析T68镗床电气控制电路 ① 测绘T68镗床接线图 ② 绘制T68镗床电气原理图 ③ 分析T68镗床电气控制电路 3）测绘、分析X62W铣床电气控制电路 ① 测绘X62W铣床接线图 ② 绘制X62W铣床电气原理图 ③ 分析X62W铣床电气控制电路	(1) 方法：讲授法、演示法、实训（练习）法 (2) 重点：测绘、分析T68镗床、X62W铣床电气控制电路 (3) 难点：分析、绘制T68镗床、X62W铣床电气控制电路	12
	1-2 机床电气控制电路调试、维修	(1) 调试、维修T68镗床电路	1）T68镗床的结构、运动形式及控制要求 2）T68镗床电路组成、控制原理 3）调试T68镗床电路 4）维修T68镗床电路	(1) 方法：讲授法、演示法、实训（练习）法 (2) 重点：调试、维修T68镗床电路 (3) 难点：维修T68镗床电路	6

续表

模块	课程	学习单元	课程内容	培训建议	课堂学时
1. 继电控制电路装调维修	1-2 机床电气控制电路调试、维修	（2）调试、维修X62W铣床电路	1）X62W铣床的结构、运动形式及控制要求	（1）方法：讲授法、演示法、实训（练习）法 （2）重点：调试、维修X62W铣床电路 （3）难点：维修X62W铣床电路	6
			2）X62W铣床电路组成、控制原理		
			3）调试X62W铣电路		
			4）维修X62W铣床电路		
		（3）调试、维修大型磨床电路	1）大型磨床的结构、运动形式及控制要求	（1）方法：讲授法、演示法、实训（练习）法 （2）重点：调试、维修大型磨床电路 （3）难点：维修大型磨床电路	12
			2）大型磨床电路组成、控制原理		
			3）调试大型磨床电路		
			4）维修大型磨床电路		
		（4）调试、维修龙门铣床电路	1）龙门铣床的结构、运动形式及控制要求	（1）方法：讲授法、演示法、实训（练习）法 （2）重点：调试、维修龙门铣床电路 （3）难点：维修龙门铣床电路	12
			2）龙门铣床电路组成、控制原理		
			3）调试龙门铣床电路		
			4）维修龙门铣床电路		
		（5）调试、维修龙门刨床电路	1）龙门刨床的结构、运动形式及控制要求	（1）方法：讲授法、演示法、实训（练习）法 （2）重点：调试、维修龙门刨床电路 （3）难点：维修龙门刨床电路	12
			2）龙门刨床电路组成、控制原理		
			3）调试龙门刨床电路		
			4）维修龙门刨床电路		

续表

模块	课程	学习单元	课程内容	培训建议	课堂学时
1.继电控制电路装调维修	1-2 机床电气控制电路调试、维修	（6）调试、维修盾构机电路	1）盾构机的结构、运动形式及控制要求 2）盾构机电路组成、控制原理 3）调试盾构机电路 4）维修盾构机电路	（1）方法：讲授法、演示法、实训（练习）法 （2）重点：调试、维修盾构机电路 （3）难点：维修盾构机电路	12
	1-3 临时供电、用电设备设施的安装与维护	（1）临时用电方案的确认与组织实施	1）临时供电、用电设备的型号、技术指标 2）临时用电负荷计算及电缆选择 3）编制临时用电施工方案	（1）方法：讲授法、演示法、实训（练习）法 （2）重点：临时用电方案的确认 （3）难点：编制临时用电施工方案	6
		（2）临时用电配电室、配电变压器、配电线路的组织安装	1）施工现场临时用电安全技术规范 2）组织安装临时用电配电室 3）组织安装临时用电配电变压器 4）组织安装临时用电配电线路 5）接地装置施工、验收规范	（1）方法：讲授法、演示法、实训（练习）法、参观法、观摩法 （2）重点与难点：组织安装临时用电配电室、配电变压器、配电线路	12
		（3）安装、维护临时用电自备发电机	1）发电机的结构与工作原理 2）安装临时用电自备发电机 3）维护临时用电自备发电机	（1）方法：讲授法、演示法、实训（练习）法、参观法、观摩法 （2）重点与难点：安装临时用电自备发电机	8

续表

模块	课程	学习单元	课程内容	培训建议	课堂学时
1.继电控制电路装调维修	1-3 临时供电、用电设备设施的安装与维护	（4）安装、维护、拆除塔吊电气部分	1）塔吊的结构与工作原理 2）安装塔吊的电气部分 3）拆除塔吊的电气部分 4）维护塔吊的电气部分	（1）方法：讲授法、演示法、实训（练习）法、参观法、观摩法 （2）重点与难点：安装塔吊的电气部分	6
2.电气设备（装置）装调维修	2-1 常用电力电子装置维护	（1）识别变频器操作面板、电源输入端、电源输出端、电源控制端	1）变频器的工作原理 2）变频器使用方法 3）识别变频器操作面板 4）识别变频器电源输入端、电源输出端 5）识别变频器控制端	（1）方法：讲授法、演示法、实训（练习）法 （2）重点：变频器操作面板和控制端的识别 （3）难点：变频器操作面板的使用	6
		（2）设置变频器参数，确认变频器故障	1）变频器参数设置 2）变频器故障类型 3）变频器故障确认	（1）方法：讲授法、演示法、实训（练习）法 （2）重点：设置变频器参数 （3）难点：变频器故障的确认	4
		（3）检修不间断电源整流电路、逆变电路、控制电路	1）不间断电源的工作原理 2）不间断电源使用方法 3）不间断电源整流电路的检修 4）不间断电源逆变电路的检修 5）不间断电源控制电路的检修	（1）方法：讲授法、演示法、实训（练习）法 （2）重点：不间断电源整流电路、逆变电路的检修 （3）难点：不间断电源控制电路的检修	12

续表

模块	课程	学习单元	课程内容	培训建议	课堂学时
2. 电气设备（装置）装调维修	2-2 非工频设备装调维修	（1）调试中高频淬火设备可控整流电源	1）集肤效应、涡流的电磁原理 2）中高频淬火设备的工作原理 3）中高频淬火设备操作规程 4）中高频淬火设备可控整流电源的调试	（1）方法：讲授法、演示法、实训（练习）法 （2）重点与难点：中高频淬火设备可控整流电源的调试	6
		（2）调试中高频淬火设备高压电子管三点振荡电路	1）电子管的结构和工作原理 2）三点振荡电路的工作原理 3）中高频淬火设备调试方法 4）中高频淬火设备高压电子管三点振荡电路的调试	（1）方法：讲授法、演示法、实训（练习）法 （2）重点与难点：中高频淬火设备高压电子管三点振荡电路的调试	8
		（3）调试中高频淬火设备电容耦合电路	1）电容耦合电路的工作原理 2）中高频淬火设备电容耦合电路的调试	（1）方法：讲授法、演示法、实训（练习）法 （2）重点与难点：中高频淬火设备电容耦合电路的调试	4
		（4）调试中高频淬火设备加热变压器耦合电路	1）中高频淬火设备变压器耦合电路的工作原理 2）调试中高频淬火设备加热变压器耦合电路	（1）方法：讲授法、演示法、实训（练习）法 （2）重点与难点：中高频淬火设备加热变压器耦合电路的调试	6
	2-3 调功器装调维修	（1）安装、调试调功器设备	1）调功器的工作原理 2）过零触发控制电路工作原理 3）安装调功器设备 4）调试调功器设备	（1）方法：讲授法、演示法、实训（练习）法 （2）重点：安装调功器设备 （3）难点：调试调功器设备	10

续表

模块	课程	学习单元	课程内容	培训建议	课堂学时
2. 电气设备（装置）装调维修	2-3 调功器装调维修	（2）检测调功器主电路、控制电路输出波形	1）检测调功器主电路输出波形 2）检测调功器控制电路输出波形	（1）方法：讲授法、演示法、实训（练习）法 （2）重点与难点：调功器控制电路输出波形的检测	4
		（3）排除调功器内部主电路故障	1）调功器内部主电路常见故障类型 2）调功器内部主电路故障排除	（1）方法：讲授法、演示法、实训（练习）法 （2）重点与难点：调功器内部主电路故障排除	6
3. 自动控制电路装调维修	3-1 可编程控制系统分析、编程与调试维修	（1）编写自动洗衣机、机械手可编程控制器控制程序	1）梯形图编程规则 2）分析自动洗衣机的控制逻辑 3）编写自动洗衣机控制程序 4）分析机械手的控制逻辑 5）编写机械手控制程序	（1）方法：讲授法、演示法、实训（练习）法 （2）重点：自动洗衣机、机械手控制逻辑的分析 （3）难点：编写自动洗衣机、机械手控制程序	12
		（2）用可编程控制器改造常用机床的继电控制电路	1）机床电气改造基础知识 2）用可编程控制器改造C6140车床继电控制电路 3）用可编程控制器改造T68镗床继电控制电路 4）用可编程控制器改造X62W铣床继电器控制电路	（1）方法：讲授法、演示法、实训（练习）法 （2）重点：用可编程控制器改造继电控制电路 （3）难点：用可编程控制器改造X62W铣床继电控制电路	18
		（3）模拟调试可编程控制器程序	1）可编程控制器模拟调试方法 2）可编程控制器仿真软件的使用 3）模拟调试以基本指令为主的可编程控制器程序	（1）方法：讲授法、演示法、实训（练习）法 （2）重点与难点：模拟调试以基本指令为主的可编程控制器程序	8

续表

模块	课程	学习单元	课程内容	培训建议	课堂学时
3. 自动控制电路装调维修	3-1 可编程控制系统分析、编程与调试维修	（4）现场调试可编程控制器程序	1）现场调试的一般步骤及方法 2）现场调试以基本指令为主的可编程控制器程序	（1）方法：讲授法、演示法、实训（练习）法 （2）重点与难点：现场调试以基本指令为主的可编程控制器程序	6
		（5）分析可编程控制系统的故障范围	1）可编程控制系统故障范围判断方法 2）可编程控制系统的故障判断	（1）方法：讲授法、演示法、实训（练习）法 （2）重点与难点：可编程控制系统故障范围的确定	6
		（6）排除可编程控制器外围设备电气故障	1）可编程控制器系统外围设备常见故障 2）可编程控制器系统中开关、传感器、执行机构等外围设备常见故障的排除	（1）方法：讲授法、演示法、实训（练习）法 （2）重点与难点：可编程控制器外围设备电气故障的排除	4
	3-2 单片机控制电路装调	（1）单片机控制系统接线	1）单片机的结构 2）单片机引脚功能 3）单片机控制系统接线	（1）方法：讲授法、演示法、实训（练习）法 （2）重点与难点：单片机控制系统接线	6
		（2）上位机与单片机之间程序的传递	1）单片机编程软件、烧录软件的基本功能 2）上位机与单片机的硬件连接与程序传递	（1）方法：讲授法、演示法、实训（练习）法 （2）重点与难点：上位机与单片机之间程序的传递	2
		（3）分析简单单片机控制程序	1）单片机编程语言基础 2）单片机基本指令的使用方法 3）信号灯闪烁依次点亮控制程序分析 4）信号灯闪烁间隔闪烁控制程序分析	（1）方法：讲授法、演示法、实训（练习）法 （2）重点与难点：分析信号灯闪烁单片机控制程序	6

续表

模块	课程	学习单元	课程内容	培训建议	课堂学时
3.自动控制电路装调维修	3-3 消防电气系统装调维修	（1）检修消防泵的启动、停止电路	1）消防电气系统安装、运行规范 2）消防泵的启动电路工作原理 3）消防泵的停止电路工作原理 4）检修消防泵的启动、停止电路	（1）方法：讲授法、演示法、实训（练习）法 （2）重点与难点：消防泵启动、停止电路的检修	4
		（2）检修消防系统用传感器	1）消防系统用传感器的种类、选用方法 2）消防系统用传感器的检修	（1）方法：讲授法、演示法、实训（练习）法 （2）重点与难点：消防系统用传感器的检修	4
		（3）检修消防联动系统	1）消防联动系统的组成、工作原理 2）消防联动系统的检修	（1）方法：讲授法、演示法、实训（练习）法 （2）重点与难点：消防联动系统的检修	4
		（4）检修消防主机控制系统	1）消防主机控制系统的组成、工作原理 2）消防主机控制系统的检修	（1）方法：讲授法、演示法、实训（练习）法 （2）重点与难点：消防主机控制系统的检修	4
		（5）设置消防系统人机界面	1）人机界面的设置方法 2）消防系统人机界面的设置	（1）方法：讲授法、演示法、实训（练习）法 （2）重点与难点：消防系统人机界面的设置	2
	3-4 冷水机组电控设备维修	（1）检修冷水机组的启动、停止电路	1）冷水机组的操作规范 2）冷水机组的启动电路工作原理 3）冷水机组的停止电路工作原理 4）冷水机组的启动、停止电路的检修	（1）方法：讲授法、演示法、实训（练习）法 （2）重点与难点：冷水机组的启动、停止电路的检修	4

续表

模块	课程	学习单元	课程内容	培训建议	课堂学时
3. 自动控制电路装调维修	3-4 冷水机组电控设备维修	（2）检修冷水机组的流量控制电路	1）流量传感器及选用方法 2）流量控制电路的工作原理 3）冷水机组的流量控制电路检修	（1）方法：讲授法、演示法、实训（练习）法 （2）重点与难点：冷水机组的流量控制电路检修	4
		（3）检修冷水机组的温度控制电路	1）温度传感器及选用方法 2）温度控制电路的工作原理 3）冷水机组的温度控制电路检修	（1）方法：讲授法、演示法、实训（练习）法 （2）重点与难点：冷水机组的温度控制电路的检修	4
		（4）检修冷水机组的制冷量控制电路	1）制冷量控制电路的工作原理 2）冷水机组的制冷量控制电路检修	（1）方法：讲授法、演示法、实训（练习）法 （2）重点与难点：冷水机组的制冷量控制电路的检修	4
4. 应用电子电路调试维修	4-1 电子电路分析测绘	（1）测绘集成运算放大电路	1）集成运算放大电路的结构、工作原理 2）电子电路测绘方法 3）集成运算放大器组成的应用电路的测绘	（1）方法：讲授法、演示法、实训（练习）法 （2）重点与难点：集成运算放大器组成的应用电路的测绘	8
		（2）分析由分立元件、集成运算放大器组成的应用电子电路	1）集成运算放大器的线性应用技术 2）集成运算放大器的非线性应用技术 3）分析分立元件、集成运算放大器组成的应用电子电路功能、用途	（1）方法：讲授法、演示法、实训（练习）法 （2）重点与难点：分析分立元件、集成运算放大器组成的应用电子电路功能、用途	4

续表

模块	课程	学习单元	课程内容	培训建议	课堂学时
4.应用电子电路调试维修	4-2 电子电路调试维修	（1）调试维修组合逻辑电路	1）数字电路基础知识 2）编码器、译码器等组合逻辑电路基础知识 3）编码器、译码器等组合逻辑电路工作原理 4）调试维修编码器组合逻辑电路 5）调试维修译码器组合逻辑电路	（1）方法：讲授法、演示法、实训（练习）法 （2）重点与难点：调试维修组合逻辑电路	12
		（2）调试维修时序逻辑电路	1）寄存器、计数器等时序逻辑电路基础知识 2）调试维修寄存器时序逻辑电路 3）调试维修计数器时序逻辑电路	（1）方法：讲授法、演示法、实训（练习）法 （2）重点与难点：调试维修时序逻辑电路	6
		（3）分析定时器电路的功能、用途	1）555集成电路基础知识 2）分析由555集成电路组成的定时器电路功能和用途	（1）方法：讲授法、演示法、实训（练习）法 （2）重点与难点：分析555集成电路的功能、用途	6
		（4）调试维修小型开关稳压电路	1）小型开关稳压电路的工作原理 2）小型开关稳压电路的调试维修	（1）方法：讲授法、演示法、实训（练习）法 （2）重点与难点：小型开关稳压电路的调试维修	6
	4-3 电力电子电路分析测绘	（1）测绘晶闸管触发电路	1）晶闸管触发电路的工作原理 2）单相半波可控整流电路工作原理 3）单相半控桥式整流电路工作原理 4）单相全控桥式整流电路工作原理 5）晶闸管触发电路的测绘	（1）方法：讲授法、演示法、实训（练习）法 （2）重点与难点：晶闸管触发电路的测绘	8

续表

模块	课程	学习单元	课程内容	培训建议	课堂学时
4.应用电子电路调试维修	4-3 电力电子电路分析测绘	（2）测绘相控整流主电路、触发电路工作波形	1）可控整流电路计算方法 2）测绘相控整流主电路工作波形 3）测绘相控整流触发电路工作波形	（1）方法：讲授法、演示法、实训（练习）法 （2）重点与难点：相控整流主电路、触发电路工作波形的测绘	6
	4-4 电力电子电路调试维修	（1）测量和调试相控整流主电路、触发电路波形	1）单相可控整流电路调试方法 2）单相可控整流电路波形分析方法 3）单相可控整流主电路波形测量和调试 4）单相可控整流触发电路波形测量和调试	（1）方法：讲授法、演示法、实训（练习）法 （2）重点与难点：单相可控整流主电路、触发电路波形测量和调试	4
		（2）维修相控整流主电路、触发电路	1）维修单相可控整流主电路 2）维修单相可控整流触发电路	（1）方法：讲授法、演示法、实训（练习）法 （2）重点与难点：相控整流电路主电路、触发电路的维修	8
5.交直流传动系统装调维修	5-1 交直流传动系统安装	（1）识读、分析交直流传动系统图	1）交流传动系统的组成及工作原理 2）识读、分析交流传动系统图 3）直流传动系统的组成及工作原理 4）识读、分析直流传动系统图	（1）方法：讲授法、演示法、实训（练习）法 （2）重点：交直流传动系统图的分析 （3）难点：直流传动系统的分析	8
		（2）检查交直流传动系统设备、器件	1）交直流传动系统各器件的识别 2）交流传动系统设备、器件的检查 3）直流传动系统设备、器件的检查	（1）方法：讲授法、演示法、实训（练习）法 （2）重点与难点：交直流传动系统设备、器件的检查	8

续表

模块	课程	学习单元	课程内容	培训建议	课堂学时
5.交直流传动系统装调维修	5-1 交直流传动系统安装	（3）安装交直流传动系统设备	1）交直流传动系统的安装工艺要求 2）交流传动系统的安装 3）直流传动系统的安装	（1）方法：讲授法、演示法、实训（练习）法 （2）重点与难点：交直流传动系统的安装	6
	5-2 交直流传动系统调试	（1）调试串级调速电路	1）分析串级调速电路 2）调试串级调速电路	（1）方法：讲授法、演示法、实训（练习）法 （2）重点与难点：分析、调试串级调速电路	4
		（2）调试电磁转差离合器调速电路	1）分析电磁转差离合器调速电路 2）调试电磁转差离合器调速电路	（1）方法：讲授法、演示法、实训（练习）法 （2）重点与难点：分析、调试电磁转差离合器调速电路	4
		（3）调试变频调速电路	1）分析变频调速电路 2）调试变频调速电路	（1）方法：讲授法、演示法、实训（练习）法 （2）重点与难点：分析、调试变频调速电路	4
	5-3 交直流传动系统维修	（1）分析判断交直流传动系统的故障原因	1）交流传动系统的常见故障与原因分析 2）直流传动系统的常见故障与原因分析	（1）方法：讲授法、演示法、实训（练习）法 （2）重点：交流传动系统的常见故障原因分析 （3）难点：直流传动系统的常见故障原因分析	6
		（2）分析、排除交直流传动装置及外围电路故障	1）交直流传动装置及外围电路故障的分析 2）交直流传动装置及外围电路故障的排除	（1）方法：讲授法、演示法、实训（练习）法 （2）重点与难点：交直流传动装置及外围电路故障排除	4
课堂学时合计					390

2.2.5 二级/技师职业技能培训课程规范

模块	课程	学习单元	课程内容	培训建议	课堂学时
1. 电气设备（装置）装调维修	1-1 数控机床电气控制装置装调维修	（1）调整编码器、光栅尺	1）编码器的工作原理及其调整 2）光栅尺的工作原理及其调整	（1）方法：讲授法、演示法、实训（练习）法 （2）重点与难点：编码器、光栅尺的调整	2
		（2）数控机床电气线路的装调维修	1）数控机床电气控制原理 2）数控机床基本操作 3）安装数控机床电气线路 4）调试数控机床电气线路 5）维修数控机床电气线路	（1）方法：讲授法、演示法、实训（练习）法 （2）重点：安装、调试数控机床电气线路 （3）难点：维修数控机床电气线路	20
	1-2 工业机器人调试	（1）连接、调试工业机器人外围线路	1）工业机器人工作原理 2）连接、调试工业机器人外围线路	（1）方法：讲授法、演示法、实训（练习）法 （2）重点与难点：连接、调试工业机器人外围线路	6
		（2）工业机器人示教编程	1）示教器的使用方法 2）工业机器人基本指令使用 3）工业机器人示教编程	（1）方法：讲授法、演示法、实训（练习）法 （2）重点与难点：工业机器人示教编程	12
		（3）工业机器人的保养	1）工业机器人的保养方法 2）工业机器人的保养	（1）方法：讲授法、演示法、实训（练习）法 （2）重点与难点：对工业机器人进行保养	2

续表

模块	课程	学习单元	课程内容	培训建议	课堂学时
1.电气设备（装置）装调维修	1-3 单片机控制的电气装置装调维修	（1）编写、调试电动机启停控制的单片机程序	1）单片机控制系统开发流程 2）单片机应用程序编译、仿真调试、烧录的方法 3）编写、调试控制电动机启停的单片机程序 4）编写、调试控制电动机正反转的单片机程序	（1）方法：讲授法、演示法、实训（练习）法 （2）重点：单片机控制电动机正反转程序的编写 （3）难点：单片机控制电动机正反转程序的调试	6
		（2）调试以基本指令为主的单片机程序	1）流水灯系统单片机程序的调试 2）步进电动机控制单片机程序的调试	（1）方法：讲授法、演示法、实训（练习）法 （2）重点与难点：调试流水灯系统单片机程序	6
		（3）判断单片机控制的电气装置故障范围并排除电气故障	1）单片机控制系统故障检测、判断方法 2）利用编程软件、仪器仪表划定故障范围 3）排除单片机控制的电气装置电气故障	（1）方法：讲授法、演示法、实训（练习）法 （2）重点：利用编程软件、仪器仪表划定故障范围 （3）难点：排除单片机控制的电气装置电气故障	4
2.自动控制电路装调维修	2-1 可编程控制系统编程与维护	（1）分析、编制模拟量输入输出模块程序	1）可编程控制器特殊功能模块的分类及作用 2）模拟量输入输出模块技术参数 3）模拟量输入输出模块参数设置 4）分析、编制模拟量输入输出模块的控制程序	（1）方法：讲授法、演示法、实训（练习）法 （2）重点：模拟量输入输出模块参数设置 （3）难点：编制模拟量模块控制程序	6
		（2）选用、连接触摸屏	1）选用触摸屏 2）可编程控制器与触摸屏的连接	（1）方法：讲授法、演示法、实训（练习）法 （2）重点与难点：可编程控制器与触摸屏的连接	2

续表

模块	课程	学习单元	课程内容	培训建议	课堂学时
2.自动控制电路装调维修	2-1 可编程控制系统编程与维护	（3）设置触摸屏与可编程控制器之间的通信参数	1）可编程控制器与触摸屏之间的通信规约 2）触摸屏组态软件的使用 3）可编程控制器通信参数的设置 4）触摸屏通信参数的设置	（1）方法：讲授法、演示法、实训（练习）法 （2）重点与难点：通信参数的设置	2
		（4）编辑、修改触摸屏组态画面	1）触摸屏组态中各元件的功能 2）触摸屏组态画面的编辑与修改	（1）方法：讲授法、演示法、实训（练习）法 （2）重点与难点：触摸屏组态画面的编辑与修改	4
		（5）判断、排除可编程控制器功能模块故障	1）可编程控制器功能模块常见故障 2）判断并排除可编程控制器功能模块故障	（1）方法：讲授法、演示法、实训（练习）法 （2）重点与难点：可编程控制器功能模块常见故障的判断、排除	6
	2-2 风力发电系统电气设备维护	（1）维护风力发电变桨系统	1）风力发电基础知识 2）风力发电变桨系统的组成及工作原理 3）风力发电变桨系统的维护	（1）方法：讲授法、演示法、实训（练习）法 （2）重点与难点：风力发电变桨系统的维护	6
		（2）维护风力发电解缆系统	1）风力发电解缆系统的组成及工作原理 2）风力发电解缆系统的维护	（1）方法：讲授法、演示法、实训（练习）法 （2）重点与难点：风力发电解缆系统的维护	4
	2-3 光伏发电系统电气设备维护	（1）维护太阳能电池应用电路	1）光伏发电基础知识 2）太阳能电池应用电路的组成及工作原理 3）太阳能电池应用电路的维护	（1）方法：讲授法、演示法、实训（练习）法 （2）重点与难点：太阳能电池应用电路的维护	4

续表

模块	课程	学习单元	课程内容	培训建议	课堂学时
2.自动控制电路装调维修	2-3 光伏发电系统电气设备维护	（2）维护光伏发电系统电路	1）光伏发电系统电路的组成及工作原理 2）光伏发电系统电路的维护	（1）方法：讲授法、演示法、实训（练习）法 （2）重点与难点：光伏发电系统电路的维护	4
	2-4 双闭环直流调速系统装调维修	（1）检查双闭环直流调速系统组成设备、器件	1）双闭环直流调速系统的组成 2）双闭环直流调速系统组成设备的检查 3）双闭环直流调速系统组成器件的检查	（1）方法：讲授法、演示法、实训（练习）法 （2）重点与难点：双闭环直流调速系统组成设备、器件的检查	2
		（2）调试速度环、电流环	1）双闭环直流调速系统工作原理 2）电流环的调试 3）速度环的调试	（1）方法：讲授法、演示法、实训（练习）法 （2）重点与难点：速度环、电流环的调试	4
		（3）分析、判断双闭环直流调速系统故障原因	1）双闭环直流调速系统常见故障 2）分析双闭环直流调速系统故障原因 3）判断双闭环直流调速系统故障范围	（1）方法：讲授法、演示法、实训（练习）法 （2）重点与难点：分析、判断双闭环直流调速系统故障原因	2
		（4）排除双闭环直流调速装置及外围电路故障	1）排除双闭环直流调速装置故障 2）排除双闭环直流调速装置外围电路故障	（1）方法：讲授法、演示法、实训（练习）法 （2）重点与难点：双闭环直流调速装置故障排除	4
	2-5 变频恒压供水系统装调维修	（1）检查变频恒压供水系统组成设备、器件	1）变频恒压供水系统组成及工作原理 2）变频恒压供水系统设备、器件的检查	（1）方法：讲授法、演示法、实训（练习）法 （2）重点与难点：变频恒压供水系统设备、器件的检查	2

续表

模块	课程	学习单元	课程内容	培训建议	课堂学时
2.自动控制电路装调维修	2-5 变频恒压供水系统装调维修	（2）安装变频恒压供水系统设备	1）压力变送器的使用方法 2）变频恒压供水系统主电路的安装 3）变频恒压供水系统控制电路的安装	（1）方法：讲授法、演示法、实训（练习）法 （2）重点与难点：变频恒压供水系统控制电路的安装	6
		（3）调试变频恒压供水系统电路	1）变频器参数的调整 2）变频恒压供水系统电路的调试	（1）方法：讲授法、演示法、实训（练习）法 （2）重点：变频器参数的调整 （3）难点：压力变送器的调试	4
		（4）排除变频恒压供水系统电路的故障	1）变频恒压供水系统的常见故障 2）压力振荡故障的排除 3）变频恒压供水系统主电路故障排除 4）变频恒压供水系统控制电路故障排除 5）变频恒压供水系统抗干扰的处理	（1）方法：讲授法、演示法、实训（练习）法 （2）重点与难点：变频恒压供水系统电路的故障排除	4
		（5）安装、调试PID调节器	1）PID调节器的工作原理 2）PID调节器的连接 3）PID调节器参数的设置与调整 4）PID调节器的自整定调试	（1）方法：讲授法、演示法、实训（练习）法 （2）重点与难点：PID调节器的调试	8
3.应用电子电路调试维修	3-1 电子电路分析测绘	（1）分析测绘组合逻辑电路	1）分析由组合逻辑电路组成的电子应用电路的工作原理 2）测绘由组合逻辑电路组成的电子应用电路	（1）方法：讲授法、演示法、实训（练习）法 （2）重点与难点：测绘由组合逻辑电路组成的电子应用电路	4

课程规范（二级/技师）

续表

模块	课程	学习单元	课程内容	培训建议	课堂学时
3.应用电子电路调试维修	3-1 电子电路分析测绘	（2）分析测绘时序逻辑电路	1）分析由时序逻辑电路组成的电子应用电路的工作原理 2）测绘由时序逻辑电路组成的电子应用电路	（1）方法：讲授法、演示法、实训（练习）法 （2）重点与难点：测绘由时序逻辑电路组成的电子应用电路	4
	3-2 电子电路调试维修	（1）调试 A/D、D/A 应用电路	1）A/D、D/A 转换器工作原理 2）A/D 应用电路的调试 3）D/A 应用电路的调试	（1）方法：讲授法、演示法、实训（练习）法 （2）重点与难点：调试 A/D、D/A 应用电路	4
		（2）调试寄存器型 N 进制计数器应用电路	1）寄存器型 N 进制计数器工作原理 2）集成触发电路工作原理 3）寄存器型 N 进制计数器应用电路的调试	（1）方法：讲授法、演示法、实训（练习）法 （2）重点与难点：寄存器型 N 进制计数器应用电路的调试	4
		（3）维修中小规模集成电路的外围电路	1）中小规模集成电路的外围电路常见故障 2）维修中小规模集成电路的外围电路	（1）方法：讲授法、演示法、实训（练习）法 （2）重点与难点：排除中小规模集成电路的外围电路故障	4
	3-3 电力电子电路分析测绘	（1）测绘三相整流变压器联结组别	1）三相变压器联结组别国家标准 2）测绘三相整流变压器△/Y—11 联结组别 3）测绘三相整流变压器 Y/Y—12 联结组别	（1）方法：讲授法、演示法、实训（练习）法 （2）重点与难点：三相整流变压器联结组别的测绘	4
		（2）测绘晶闸管触发电路、主电路波形	1）晶闸管电路同步（定相）方法 2）测绘晶闸管触发电路波形 3）测绘晶闸管主电路波形	（1）方法：讲授法、演示法、实训（练习）法 （2）重点与难点：晶闸管触发电路、主电路波形的测绘	4

续表

模块	课程	学习单元	课程内容	培训建议	课堂学时
3. 应用电子电路调试维修	3-3 电力电子电路分析测绘	(3) 测绘、分析直流斩波器电路波形	1) 直流斩波器电路工作原理 2) 直流斩波器电路波形的测绘、分析	(1) 方法：讲授法、演示法、实训（练习）法 (2) 重点与难点：直流斩波器电路波形的测绘	4
	3-4 电力电子电路调试维修	(1) 根据三相整流变压器联结组别号进行接线	1) 联结组别号接线的注意事项 2) 根据三相整流变压器△/Y—11 联结组别号进行接线 3) 根据三相整流变压器Y/Y—12 联结组别号进行接线	(1) 方法：讲授法、演示法、实训（练习）法 (2) 重点与难点：根据三相整流变压器联结组别号接线	2
		(2) 分析、排除三相可控整流电路故障	1) 三相可控整流电路的常见故障 2) 三相可控整流电路故障的分析、排除	(1) 方法：讲授法、演示法、实训（练习）法 (2) 重点与难点：三相可控整流电路故障的分析、排除	4
		(3) 调整直流斩波器输出波形	1) 直流斩波器工作原理 2) 直流斩波器输出波形的调整	(1) 方法：讲授法、演示法、实训（练习）法 (2) 重点与难点：直流斩波器输出波形的调整	2
4. 交直流传动及伺服系统调试维修	4-1 交直流传动系统调试维修	(1) 分析造纸机交直流调速系统原理图	1) 反馈原理与分类 2) 造纸机交直流调速系统原理图的分析	(1) 方法：讲授法、演示法、实训（练习）法 (2) 重点：造纸机交流调速系统电气控制系统原理图分析 (3) 难点：闭环调节环节分析	6

续表

模块	课程	学习单元	课程内容	培训建议	课堂学时
4.交直流传动及伺服系统调试维修	4-1 交直流传动系统调试维修	（2）调试、维修造纸机交直流调速系统	1）交直流调速系统调试方法 2）交直流调速系统常见故障 3）造纸机交直流调速系统的调试、维修	（1）方法：讲授法、演示法、实训（练习）法 （2）重点：造纸机交直流调速系统的调试 （3）难点：造纸机交直流调速系统的维修	12
	4-2 伺服系统调试维修	（1）安装、调试步进电动机驱动装置	1）步进电动机驱动装置调试方法 2）安装步进电动机驱动装置 3）调试步进电动机驱动装置	（1）方法：讲授法、演示法、实训（练习）法 （2）重点与难点：安装、调试步进电动机驱动装置	4
		（2）分析排除步进电动机驱动器主电路故障	1）步进电动机驱动器常见故障 2）步进电动机驱动器主电路故障的分析、排除	（1）方法：讲授法、演示法、实训（练习）法 （2）重点与难点：步进电动机驱动器主电路故障的分析、排除	2
		（3）分析交直流伺服系统电气控制原理图	1）交直流伺服系统工作原理 2）交直流伺服系统电气控制原理图的分析	（1）方法：讲授法、演示法、实训（练习）法 （2）重点与难点：交直流伺服系统电气控制原理图的分析	4
		（4）调试、维修交直流伺服系统	1）交直流伺服系统调试方法 2）交直流伺服系统常见故障 3）调试交直流伺服系统 4）维修交直流伺服系统	（1）方法：讲授法、演示法、实训（练习）法 （2）重点：调试交直流伺服系统 （3）难点：维修交直流伺服系统	6

续表

模块	课程	学习单元	课程内容	培训建议	课堂学时
5.培训与技术管理	5-1 培训指导	（1）编写培训教案	1）培训教案编制方法	（1）方法：讲授法、演示法、实训（练习）法 （2）重点与难点：培训教案的编写	2
			2）培训教案编写实例		
		（2）理论培训	1）理论培训教学方法	（1）方法：讲授法、演示法、实训（练习）法 （2）重点与难点：实施理论培训	2
			2）实施理论培训		
		（3）技能指导	1）操作技能指导方法	（1）方法：讲授法、演示法、实训（练习）法 （2）重点与难点：实施操作技能指导	2
			2）实施操作技能指导		
	5-2 技术管理	（1）电气设备检修管理	1）电气设备检修管理知识	（1）方法：讲授法、演示法、实训（练习）法 （2）重点与难点：制定电气设备检修管理方案	2
			2）制定电气设备检修管理方案		
		（2）电气设备维护质量管理	1）电气设备维护质量管理方法	（1）方法：讲授法、演示法、实训（练习）法 （2）重点与难点：制定电气设备维护质量管理方案	2
			2）制定电气设备维护质量管理方案		
		（3）制定电气设备大、中修方案	1）电气设备大、中修方案编写方法	（1）方法：讲授法、演示法、实训（练习）法 （2）重点与难点：制定电气设备大修方案	4
			2）电气设备中修方案实例		
			3）电气设备大修方案实例		
课堂学时合计					220

2.2.6 一级/高级技师职业技能培训课程规范

模块	课程	学习单元	课程内容	培训建议	课堂学时
1.电气设备（装置）装调维修	1-1 数控机床电气系统故障判断与维修	（1）判断、排除数控机床主轴电气控制线路故障	1）常用数控系统工作原理 2）数控机床主轴系统工作原理 3）数控机床主轴电气控制线路常见故障 4）判断数控机床主轴电气控制线路故障 5）排除数控机床主轴电气控制线路故障	（1）方法：讲授法、演示法、实训（练习）法 （2）重点与难点：数控机床主轴电气控制线路故障的判断、排除	10
1.电气设备（装置）装调维修	1-1 数控机床电气系统故障判断与维修	（2）判断、排除数控机床伺服系统相关线路故障	1）数控机床伺服系统工作原理 2）数控机床进给系统工作原理 3）数控机床伺服系统常见故障 4）判断数控机床伺服系统相关线路故障 5）排除数控机床伺服系统相关线路故障	（1）方法：讲授法、演示法、实训（练习）法 （2）重点与难点：数控机床伺服系统相关线路故障的判断、排除	10
1.电气设备（装置）装调维修	1-1 数控机床电气系统故障判断与维修	（3）判断、排除数控机床检测电路故障	1）数控机床检测装置工作原理 2）判断数控机床检测电路故障 3）排除数控机床检测电路故障	（1）方法：讲授法、演示法、实训（练习）法 （2）重点与难点：数控机床检测电路故障的判断、排除	10
1.电气设备（装置）装调维修	1-2 复杂生产线电气传动控制设备调试与维修	（1）分析多辊连轧机电气控制系统原理	1）多辊连轧机的结构、功能、运动形式 2）分析多辊连轧机的电气控制系统原理	（1）方法：讲授法、演示法、实训（练习）法 （2）重点与难点：分析多辊连轧机的电气控制系统原理	6

课程包

续表

模块	课程	学习单元	课程内容	培训建议	课堂学时
1. 电气设备（装置）装调维修	1-2 复杂生产线电气传动控制设备调试与维修	（2）调试、维修多辊连轧机电气传动系统	1）多辊连轧机电气控制系统常见故障 2）调试、维修多辊连轧机的电气传动系统	（1）方法：讲授法、演示法、实训（练习）法 （2）重点与难点：多辊连轧机的电气传动系统调试、维修	18
2. 电气自动控制系统调试维修	2-1 电气自动控制系统分析、测绘	（1）分析工业自动控制系统电气控制原理	1）工业自动控制系统的组成 2）工业自动控制系统电气控制原理的分析	（1）方法：讲授法、演示法、实训（练习）法 （2）重点与难点：工业自动控制系统电气原理分析	4
		（2）测绘电气自动控制系统原理图	1）电气测量基础知识 2）电气自动控制系统原理图的测绘	（1）方法：讲授法、演示法、实训（练习）法 （2）重点与难点：测绘电气自动控制系统原理图	12
		（3）电气自动控制系统技术改进建议	1）四新技术相关知识 2）自动控制系统性能指标 3）对电气自动控制系统提出技术改进建议	（1）方法：讲授法、演示法、实训（练习）法、讨论法 （2）重点与难点：提出技术改进建议	6
	2-2 工业控制网络系统调试与维修	（1）分析工厂自动化系统的现场总线组成	1）网络通信基础知识 2）现场总线应用基础知识 3）工厂自动化系统现场总线组成分析	（1）方法：讲授法、演示法、实训（练习）法 （2）重点与难点：工厂自动化系统现场总线组成分析	4
		（2）分析工厂自动化系统的工业以太网结构	1）工业以太网应用基础知识 2）工厂自动化系统的工业以太网的分析	（1）方法：讲授法、演示法、实训（练习）法 （2）重点与难点：工厂自动化系统的工业以太网的分析	4

续表

模块	课程	学习单元	课程内容	培训建议	课堂学时
2.电气自动控制系统调试维修	2-2 工业控制网络系统调试与维修	（3）选用通信设备、器件	1）设备级网络通信硬件配置方法 2）选用通信设备 3）选用通信器件	（1）方法：讲授法、演示法、实训（练习）法 （2）重点与难点：选用通信设备、器件	4
		（4）网络布线、连接	1）数据传输介质的选用 2）网络布线、连接的规范与要求 3）网络布线与连接	（1）方法：讲授法、演示法、实训（练习）法 （2）重点与难点：网络布线、连接 （3）难点：数据传输介质的选用	4
		（5）组态、配置工业控制网络	1）设备级网络组态方法 2）工业控制网络上各节点的组态 3）工业控制网络上各节点的参数配置	（1）方法：讲授法、演示法、实训（练习）法 （2）重点：工业控制网络上各节点的进行组态、参数配置 （3）难点：工业控制网络上各节点的参数配置	6
		（6）选择数据交换方式	1）分析网络通信协议 2）选择各控制节点之间的数据交换方式	（1）方法：讲授法、演示法、实训（练习）法 （2）重点与难点：数据交换方式的选择	4
	2-3 可编程控制系统调试与维修	（1）编制、修改控制系统的程序	1）特殊功能模块应用方法 2）功能指令的应用 3）用可编程控制器特殊功能块、功能指令编制控制程序 4）用可编程控制器特殊功能块、功能指令修改控制程序	（1）方法：讲授法、演示法、实训（练习）法 （2）重点与难点：用可编程控制器特殊功能块、功能指令编制、修改控制程序	12

续表

模块	课程	学习单元	课程内容	培训建议	课堂学时
2. 电气自动控制系统调试维修	2-3 可编程控制系统调试与维修	（2）调试、维修多功能控制系统	1）分析多功能控制系统的组成、工作过程 2）调试由可编程控制器、触摸屏、传感器、变频器、伺服系统、执行部件组成的多功能控制系统 3）维修由可编程控制器、触摸屏、传感器、变频器、伺服系统、执行部件组成的多功能控制系统	（1）方法：讲授法、演示法、实训（练习）法 （2）重点：调试多功能控制系统 （3）难点：维修多功能控制系统	18
		（3）设置可编程控制器与智能设备之间的通信参数	1）计算机通信知识 2）串行通信基础知识 3）设置可编程控制器之间的通信参数 4）设置可编程控制器与其他智能设备之间的通信参数	（1）方法：讲授法、演示法、实训（练习）法 （2）重点：可编程控制器之间、可编程控制器与智能设备之间的通信参数设置 （3）难点：可编程控制器与智能设备之间的通信参数设置	8
3. 培训与技术管理	3-1 培训指导	（1）制定培训方案	1）培训方案制定方法 2）培训方案实例	（1）方法：讲授法、演示法、实训（练习）法 （2）重点与难点：制定培训方案	2
		（2）理论培训	1）理论培训教学注意事项 2）实施理论培训	（1）方法：讲授法、演示法、实训（练习）法 （2）重点与难点：实施理论培训	4
		（3）技能指导	1）操作技能指导注意事项 2）实施操作技能指导	（1）方法：讲授法、演示法、实训（练习）法 （2）重点与难点：实施操作技能指导	4

续表

模块	课程	学习单元	课程内容	培训建议	课堂学时
3.培训与技术管理	3-2 技术管理	（1）编写电气控制系统安装工艺、验收方案	1）安装工艺编写方法及实例 2）设备验收报告编写方法及实例 3）电气控制系统验收方案编写方法及实例	（1）方法：讲授法、演示法、实训（练习）法 （2）重点与难点：编写电气控制系统安装工艺、验收方案	4
		（2）工艺线路、控制方案的优化建议	1）工艺线路、控制方案的优化措施 2）对工艺线路提出优化建议 3）对控制方案提出优化建议	（1）方法：讲授法、演示法、实训（练习）法 （2）重点与难点：对工艺线路、控制方案提出优化建议	2
		（3）技术改造项目的成本核算	1）项目改造成本核算方法 2）项目改造成本核算实例	（1）方法：讲授法、演示法、实训（练习）法 （2）重点与难点：核算技术改造项目成本	4
课堂学时合计					160

2.2.7 培训建议中培训方法说明

1. 讲授法

讲授法指教师主要运用语言讲述，系统地向学员传授知识，传播思想观念。即教师通过叙述、描绘、解释、推论来传递信息、传授知识、阐明概念、论证定律和公式，引导学员获取知识，认识和分析问题。

2. 讨论法

讨论法指在教师的指导下，学员以班级或小组为单位，围绕学习单元的内容，对某一专题进行深入探讨，通过讨论或辩论活动，从而获得知识或巩固知识的一种教学方法，要求培训教师在讨论结束时对讨论的主题做归纳性总结。

3. 实训（练习）法

实训（练习）法指学员在教师的指导下巩固知识、运用知识、形成技能技巧的方法。通过实际操作的练习，形成操作技能。

4. 参观法

参观法指组织或指导学员进行实地观察、调查、研究和学习，从而获得新知识或巩固已学知识的教学方法。参观教学法可分为准备性参观、并行性参观、总结性参观等。

5. 演示法

演示法指在教学过程中，教师通过示范操作和讲解使学员获得知识、技能的教学方法。教学中，教师对操作内容进行现场演示，边操作边讲解，强调操作的关键步骤和注意事项，使学员边学边做，理论与技能并重，师生互动，提高学生的学习兴趣和学习效率。

6. 案例教学法

案例教学法指通过对案例进行分析，提出问题，分析问题，并找到解决问题的途径和手段，培养学员分析问题、处理问题的能力。

7. 观摩法

观摩法指让学员通过现场观摩、观看视频等形式，学习、获取知识、技能的一种教学方法。

2.3 考核规范

2.3.1 职业基本素质培训考核规范

考核规范	考核比重（%）	考核内容		考核比重（%）	考核单元
1.职业认知与职业道德	10	1-1	职业认知	3	（1）职业认知
		1-2	职业道德基本知识	4	（1）道德与职业道德
		1-3	职业守则	3	（1）电工职业守则
2.基础知识	80	2-1	电工基础知识	15	（1）直流电路基本知识
					（2）电磁基本知识
					（3）交流电路基本知识
					（4）电工读图基本知识

续表

考核规范	考核比重（%）	考核内容	考核比重（%）	考核单元
2. 基础知识	80	2-1 电工基础知识		（5）电力变压器的识别与分类
				（6）常用电机的识别与分类
				（7）常用低压电器的识别与分类
		2-2 电子技术基础知识	15	（1）常用电子元器件的图形符号和文字符号
				（2）二极管基本知识
				（3）三极管基本知识
				（4）整流、滤波、稳压电路基本应用
		2-3 常用电工工具、量具使用知识	15	（1）常用电工工具、量具使用知识
		2-4 常用电工仪器、仪表使用知识	15	（1）常用电工仪器、仪表使用知识
		2-5 电工常用材料选型知识	10	（1）电工常用材料选型知识
		2-6 安全知识	5	（1）安全知识
		2-7 其他相关知识	5	（1）其他相关知识
3. 法律法规	10	3-1 相关法律、法规知识	10	（1）相关法律、法规知识

2.3.2 五级/初级职业技能培训理论知识考核规范

考核范围	考核比重（%）	考核内容	考核比重（%）	考核单元
1. 电器安装和线路敷设	40	1-1 低压电器选用	8	（1）识别和选用常用低压电器
				（2）识别防爆电气设备的防爆型式、防爆标识
		1-2 电工材料选用	8	（1）选用电线、电缆
				（2）选用电线管、桥架、线槽
				（3）识别低压电缆接头、接线端子

续表

考核范围	考核比重（%）	考核内容	考核比重（%）	考核单元
1. 电器安装和线路敷设	40	1-3 照明电路装调	10	(1) 配备照明灯具、确定安装位置
				(2) 安装照明灯具
				(3) 安装、调试照明线路
				(4) 选择、安装有功电能表
		1-4 动力及控制电路装调	14	(1) 安装配电箱（柜）
				(2) 金属管的煨弯、穿线、固定
				(3) 电线保护管的切割、穿线、连接、敷设
				(4) 敷设电线电缆
				(5) 导线的直线和分支连接
				(6) 选择和压接接线端子
				(7) 动力配电线路的接线与调试
2. 继电控制电路装调维修	40	2-1 低压电器安装、维修	8	(1) 安装、修理、更换常用低压电器
				(2) 检查、排除低压电器电路故障
				(3) 检修手电钻线路
		2-2 交流电动机接线与维护	14	(1) 分辨控制变压器的同名端
				(2) 分辨三相交流异步电动机绕组的首尾端
				(3) 三相交流异步电动机主电路、控制电路的接线与维护
				(4) 单相异步电动机的接线与维护
				(5) 三相交流异步电动机的保养
		2-3 低压动力控制电路维修	18	(1) 识读电气原理图
				(2) 三相交流笼型异步电动机单方向运转控制电路的检查、调试、故障排除
				(3) 三相交流笼型异步电动机正反转控制电路的检查、调试、故障排除

续表

考核范围	考核比重（%）	考核内容		考核比重（%）	考核单元
2. 继电控制电路装调维修	40	2-3	低压动力控制电路维修		（4）三相交流笼型异步电动机降压启动控制电路的检查、调试、故障排除
					（5）三相交流笼型多速异步电动机启动控制电路的检查、调试、故障排除
					（6）三相交流笼型异步电动机多处控制电路的检查、调试、故障排除
					（7）三相交流笼型异步电动机电磁抱闸控制电路的检查、调试、故障排除
3. 基本电子电路装调维修	20	3-1	电子元件焊接作业	12	（1）选用焊接工具
					（2）焊前处理
					（3）安装、焊接单面印制电路板
					（4）识别虚焊、假焊
		3-2	电子电路调试、维修	8	（1）测量、调试、维修半波整流稳压电路
					（2）测量、调试、维修全波整流稳压电路
					（3）测量、调试、维修基本放大电路

2.3.3 五级/初级职业技能培训操作技能考核规范

考核范围	考核比重（%）	考核内容		考核比重（%）	考核形式	选考方式	考核时间（分钟）	重要程度
1. 电器安装和线路敷设	40	1-1	低压电器选用	10	实操	抽考二选一	30	Z
		1-2	电工材料选用	10	实操			Z
		1-3	照明电路装调	30	实操	抽考二选一	90	X
		1-4	动力及控制电路装调	30	实操			X

续表

考核范围	考核比重（%）	考核内容	考核比重（%）	考核形式	选考方式	考核时间（分钟）	重要程度
2.继电控制电路装调维修	40	2-1 低压电器安装、维修	40	实操	抽考三选一	60	Y
		2-2 交流电动机接线、维护	40	实操			X
		2-3 低压动力控制电路维修	40	实操			X
3.基本电子电路装调维修	20	3-1 电子元件焊接作业	20	实操	抽考二选一	60	Y
		3-2 电子电路调试、维修	20	实操			X

2.3.4 四级／中级职业技能培训理论知识考核规范

考核范围	考核比重（%）	考核内容	考核比重（%）	考核单元
1.继电控制电路装调维修	30	1-1 低压电器选用	4	（1）选用中间继电器、时间继电器、计数器
				（2）选用断路器、接触器、热继电器
		1-2 继电器、接触器线路装调	10	（1）安装、调试两台三相交流笼型异步电动机顺序控制电路
				（2）安装、调试三相交流笼型异步电动机位置控制电路
				（3）安装、调试三相交流绕线式异步电动机启动控制电路
				（4）安装、调试三相交流异步电动机能耗制动、反接制动电路
		1-3 临时供电、用电设备设施的安装、维护	8	（1）安装、维护临时用电总配电箱、分配电箱、开关箱及线路
				（2）选用、安装临时用电照明装置、隔离变压器
				（3）安装、维护、拆除卷扬机、搅拌机等电动建筑机械
				（4）安装、维护、拆除交流电焊机等移动式设备
				（5）安装、维护临时用电设备的接地装置、独立避雷针

续表

考核范围	考核比重（%）	考核内容	考核比重（%）	考核单元
1. 继电控制电路装调维修	30	1-4 机床电气控制电路调试、维修	8	（1）调试、维修 C6140 车床电气控制电路 （2）调试、维修 M7130 平面磨床电气控制电路 （3）调试、维修 Z37 摇臂钻床电气控制电路
2. 电气设备（装置）装调维修	25	2-1 可编程控制器控制电路装调	15	（1）连接可编程控制线路 （2）可编程控制器程序的读写 （3）可编程控制器基本指令程序的编写、修改
		2-2 常见电力电子装置维护	10	（1）识别软启动器操作面板、电源输入端、输出端、控制端 （2）判断、排除软启动器故障 （3）设置充电桩参数 （4）检修充电桩电路
3. 自动控制电路装调维修	30	3-1 传感器装调	15	（1）选择传感器类型 （2）安装、调试光电开关 （3）安装、调试霍尔开关 （4）安装、调试电感式开关 （5）安装、调试电容式开关
		3-2 专用继电器装调	15	（1）安装、调试速度继电器 （2）安装、调试温度继电器 （3）安装、调试压力继电器
4. 基本电子电路装调维修	15	4-1 仪器仪表使用	4	（1）单、双臂电桥测量电阻 （2）信号发生器的使用 （3）测量波形的幅值、频率
		4-2 电子元器件选用	4	（1）选用 78、79 系列集成电路 （2）选用晶闸管
		4-3 电子电路装调维修	7	（1）78、79 系列集成电路的安装、调试、故障排除 （2）阻容耦合放大电路的安装、调试、故障排除 （3）单相晶闸管整流电路的安装、调试、故障排除

2.3.5 四级/中级职业技能培训操作技能考核规范

考核范围	考核比重(%)	考核内容	考核比重(%)	考核形式	选考方式	考核时间(分钟)	重要程度
1. 继电控制电路装调维修	30	1-1 低压电器选用	5	实操	必考	20	X
		1-2 继电器、接触器线路装调	25	实操	抽考三选一	90	X
		1-3 临时供电、用电设备设施的安装、维护	25	实操			Y
		1-4 机床电气控制电路调试、维修	25	实操			Y
2. 电气设备(装置)装调维修	25	2-1 可编程控制器控制电路装调	25	实操	抽考二选一	90	X
		2-2 常见电力电子装置维护	25	实操			X
3. 自动控制电路装调维修	30	3-1 传感器装调	30	实操	抽考二选一	60	X
		3-2 专用继电器装调	30	实操			X
4. 基本电子电路装调维修	15	4-1 仪器仪表使用	5	实操	抽考二选一	30	X
		4-2 电子元器件选用	5	实操			Y
		4-3 电子电路装调维修	10	实操	必考	90	X

2.3.6 三级/高级职业技能培训理论知识考核规范

考核范围	考核比重(%)	考核内容	考核比重(%)	考核单元
1. 继电控制电路装调维修	10	1-1 继电器、接触器控制电路分析、测绘	3	(1) 分析、选择多台联动三相交流异步电动机控制方案
				(2) 测绘、分析T68镗床、X62W铣床的电气控制电路接线图
		1-2 机床电气控制电路调试、维修	5	(1) 调试、维修T68镗床电路
				(2) 调试、维修X62W铣床电路
				(3) 调试、维修大型磨床电路
				(4) 调试、维修龙门铣床电路
				(5) 调试、维修龙门刨床电路
				(6) 调试、维修盾构机电路

续表

考核范围	考核比重（%）	考核内容	考核比重（%）	考核单元
1. 继电控制电路装调维修	10	1-3 临时供电、用电设备设施的安装与维护	2	（1）临时用电方案的确认与组织实施
				（2）临时用电配电室、配电变压器、配电线路的组织安装
				（3）安装、维护临时用电自备发电机
				（4）安装、维护、拆除塔吊电气部分
2. 电气设备（装置）装调维修	30	2-1 常用电力电子装置维护	10	（1）识别变频器操作面板、电源输入端、电源输出端、电源控制端
				（2）设置变频器参数，确认变频器故障
				（3）检修不间断电源整流电路、逆变电路、控制电路
		2-2 非工频设备装调维修	10	（1）调试中高频淬火设备可控整流电源
				（2）调试中高频淬火设备高压电子管三点振荡电路
				（3）调试中高频淬火设备电容耦合电路
				（4）调试中高频淬火设备加热变压器耦合电路
		2-3 调功器装调维修	10	（1）安装、调试调功器设备
				（2）检测调功器主电路、控制电路输出波形
				（3）排除调功器内部主电路故障
3. 自动控制电路装调维修	15	3-1 可编程控制系统分析、编程与调试维修	4	（1）编写自动洗衣机、机械手可编程控制器控制程序
				（2）用可编程控制器改造常用机床的继电控制电路
				（3）模拟调试可编程控制器程序
				（4）现场调试可编程控制器程序
				（5）分析可编程控制系统的故障范围
				（6）排除可编程控制器外围设备电气故障
		3-2 单片机控制电路装调	4	（1）单片机控制系统接线
				（2）上位机与单片机之间程序的传递
				（3）分析简单单片机控制程序

续表

考核范围	考核比重（%）	考核内容	考核比重（%）	考核单元
3. 自动控制电路装调维修	15	3-3 消防电气系统装调维修	4	（1）检修消防泵的启动、停止电路
				（2）检修消防系统用传感器
				（3）检修消防联动系统
				（4）检修消防主机控制系统
				（5）设置消防系统人机界面
		3-4 冷水机组电控设备维修	3	（1）检修冷水机组的启动、停止电路
				（2）检修冷水机组的流量控制电路
				（3）检修冷水机组的温度控制电路
				（4）检修冷水机组的制冷量控制电路
4. 应用电子电路调试维修	15	4-1 电子电路分析测绘	3	（1）测绘集成运算放大电路
				（2）分析由分立元件、集成运算放大器组成的应用电子电路
		4-2 电子电路调试维修	4	（1）调试维修组合逻辑电路
				（2）调试维修时序逻辑电路
				（3）分析定时器电路的功能、用途
				（4）调试维修小型开关稳压电路
		4-3 电力电子电路分析测绘	4	（1）测绘晶闸管触发电路
				（2）测绘相控整流主电路、触发电路工作波形
		4-4 电力电子电路调试维修	4	（1）测量和调试相控整流主电路、触发电路波形
				（2）维修相控整流主电路、触发电路
5. 交直流传动系统装调维修	30	5-1 交直流传动系统安装	10	（1）识读、分析交直流传动系统图
				（2）检查交直流传动系统设备、器件
				（3）安装交直流传动系统设备
		5-2 交直流传动系统调试	10	（1）分析串级调速电路
				（2）调试电磁离合器调速电路
				（3）调试变频调速电路
		5-3 交直流传动系统维修	10	（1）分析判断交直流传动系统的故障原因
				（2）分析、排除交直流传动装置及外围电路故障

2.3.7 三级/高级职业技能培训操作技能考核规范

考核范围	考核比重（%）	考核内容	考核比重（%）	考核形式	选考方式	考核时间（分钟）	重要程度
1.继电控制电路装调维修	15	1-1 继电器、接触器控制电路分析、测绘	15	实操	抽考三选一	45	X
		1-2 机床电气控制电路调试、维修	15	实操			X
		1-3 临时供电、用电设备设施的安装与维护	15	实操			Y
2.电气设备（装置）装调维修	30	2-1 常用电力电子装置维护	30	实操	抽考三选一	45	X
		2-2 非工频设备装调维修	30	实操			Y
		2-3 调功器装调维修	30	实操			Y
3.自动控制电路装调维修	20	3-1 可编程控制系统分析、编程与调试维修	20	实操	抽考四选一	45	X
		3-2 单片机控制电路装调	20	实操			X
		3-3 消防电气系统装调维修	20	实操			X
		3-4 冷水机组电控设备维修	20	实操			Y
4.应用电子电路调试维修	15	4-1 电子电路分析测绘	15	实操	抽考四选一	60	X
		4-2 电子电路调试维修	15	实操			X
		4-3 电力电子电路分析测绘	15	实操			Y
		4-4 电力电子电路调试维修	15	实操			X
5.交直流传动系统装调维修	20	5-1 交直流传动系统安装	20	实操	抽考三选一	120	X
		5-2 交直流传动系统调试	20	实操			X
		5-3 交直流传动系统维修	20	实操			X

2.3.8 二级/技师职业技能培训理论知识考核规范

考核范围	考核比重（%）	考核内容	考核比重（%）	考核单元
1. 电气设备（装置）装调维修	25	1-1 数控机床电气控制装置装调维修	7	（1）调整编码器、光栅尺
				（2）数控机床电气线路的装调维修
		1-2 工业机器人调试	8	（1）连接、调试工业机器人外围线路
				（2）工业机器人示教编程
				（3）工业机器人的保养
		1-3 单片机控制的电气装置装调维修	10	（1）编写、调试电动机启停控制的单片机程序
				（2）调试以基本指令为主的单片机程序
				（3）判断单片机控制的电气装置故障范围并排除电气故障
2. 自动控制电路装调维修	15	2-1 可编程控制系统编程与维护	2	（1）分析、编制模拟量输入输出模块程序
				（2）选用、连接触摸屏
				（3）设置触摸屏与可编程控制器之间的通信参数
				（4）编辑、修改触摸屏组态画面
				（5）判断、排除可编程控制器功能模块故障
		2-2 风力发电系统电气设备维护	2	（1）维护风力发电变桨系统
				（2）维护风力发电解缆系统
		2-3 光伏发电系统电气设备维护	2	（1）维护太阳能电池应用电路
				（2）维护光伏发电系统电路
		2-4 双闭环直流调速系统装调维修	4	（1）检查双闭环直流调速系统组成设备、器件
				（2）调试速度环、电流环
				（3）分析、判断双闭环直流调速系统故障原因
				（4）排除双闭环直流调速装置及外围电路故障
		2-5 变频恒压供水系统装调维修	5	（1）检查变频恒压供水系统组成设备、器件
				（2）安装变频恒压供水系统设备
				（3）调试变频恒压供水系统电路
				（4）排除变频恒压供水系统电路的故障
				（5）安装、调试PID调节器

续表

考核范围	考核比重（%）	考核内容	考核比重（%）	考核单元
3.应用电子电路调试维修	20	3-1 电子电路分析测绘	5	（1）分析测绘组合逻辑电路
				（2）分析测绘时序逻辑电路
		3-2 电子电路调试维修	5	（1）调试A/D、D/A应用电路
				（2）调试寄存器型N进制计数器应用电路
				（3）维修中小规模集成电路的外围电路
		3-3 电力电子电路分析测绘	5	（1）测绘三相整流变压器联结组别
				（2）测绘晶闸管触发电路、主电路波形
				（3）测绘、分析直流斩波器电路波形
		3-4 电力电子电路调试维修	5	（1）根据三相整流变压器联结组别号进行接线
				（2）分析、排除三相可控整流电路故障
				（3）调整直流斩波器输出波形
4.交直流传动及伺服系统调试维修	30	4-1 交直流传动系统调试维修	15	（1）分析造纸机交直流调速系统原理图
				（2）调试、维修造纸机交直流调速系统
		4-2 伺服系统调试维修	15	（1）安装、调试步进电动机驱动装置
				（2）分析排除步进电动机驱动器主电路故障
				（3）分析交直流伺服系统电气控制原理图
				（4）调试、维修交直流伺服系统
5.培训与技术管理	10	5-1 培训指导	4	（1）编写培训教案
				（2）理论培训
				（3）技能指导
		5-2 技术管理	6	（1）电气设备检修管理
				（2）电气设备维护质量管理
				（3）制定电气设备大、中修方案

2.3.9 二级/技师职业技能培训操作技能考核规范

考核范围	考核比重（%）	考核内容	考核比重（%）	考核形式	选考方式	考核时间（分钟）	重要程度
1. 电气设备（装置）装调维修	25	1-1 数控机床电气控制装置装调维修	25	实操	抽考三选一	60	X
		1-2 工业机器人调试	25	实操			X
		1-3 单片机控制的电气装置装调维修	25	实操			Y
2. 自动控制电路装调维修	15	2-1 可编程控制系统编程与维护	15	实操	抽考五选一	60	X
		2-2 风力发电系统电气设备维护	15	实操			Y
		2-3 光伏发电系统电气设备维护	15	实操			Y
		2-4 双闭环直流调速系统装调维修	15	实操			X
		2-5 变频恒压供水系统装调维修	15	实操			X
3. 应用电子电路调试维修	20	3-1 电子电路分析测绘	20	实操	抽考四选一	60	X
		3-2 电子电路调试维修	20	实操			X
		3-3 电力电子电路分析测绘	20	实操			X
		3-4 电力电子电路调试维修	20	实操			X
4. 交直流传动及伺服系统调试维修	30	4-1 交直流传动系统调试维修	30	实操	抽考二选一	60	X
		4-2 伺服系统调试维修	30	实操			X
5. 培训与技术管理	10	5-1 培训指导	10	实操	抽考二选一	60	X
		5-2 技术管理	10	实操			X

2.3.10 一级/高级技师职业技能培训理论知识考核规范

考核范围	考核比重（%）	考核内容	考核比重（%）	考核单元
1. 电气设备（装置）装调维修	40	1-1 数控机床电气系统故障判断与维修	20	（1）判断、排除数控机床主轴电气控制线路故障
				（2）判断、排除数控机床伺服系统相关线路故障
				（3）判断、排除数控机床检测电路故障
		1-2 复杂生产线电气传动控制设备调试与维修	20	（1）分析多辊连轧机电气控制系统原理
				（2）调试、维修多辊连轧机电气传动系统
2. 电气自动控制系统调试维修	50	2-1 电气自动控制系统分析、测绘	15	（1）分析工业自动控制系统电气控制原理
				（2）测绘电气自动控制系统原理图
				（3）电气自动控制系统技术改进建议
		2-2 工业控制网络系统调试与维修	15	（1）分析工厂自动化系统的现场总线组成
				（2）分析工厂自动化系统的工业以太网结构
				（3）选用通信设备、器件
				（4）网络布线、连接
				（5）组态、配置工业控制网络
				（6）选择数据交换方式
		2-3 可编程控制系统调试与维修	20	（1）编制、修改控制系统的程序
				（2）调试、维修多功能控制系统
				（3）设置可编程控制器与智能设备之间的通信参数
3. 培训与技术管理	10	3-1 培训指导	5	（1）制定培训方案
				（2）理论培训
				（3）技能指导
		3-2 技术管理	5	（1）编写电气控制系统安装工艺、验收方案
				（2）工艺线路、控制方案的优化建议
				（3）技术改造项目的成本核算

2.3.11 一级/高级技师职业技能培训操作技能考核规范

考核范围	考核比重（%）	考核内容	考核比重（%）	考核形式	选考方式	考核时间（分钟）	重要程度
1. 电气设备（装置）装调维修	45	1-1 数控机床电气系统故障判断与维修	45	实操	抽考二选一	90	X
		1-2 复杂生产线电气传动控制设备调试与维修	45	实操			X
2. 电气自动控制系统调试维修	40	2-1 电气自动控制系统分析、测绘	40	实操	抽考三选一	120	X
		2-2 工业控制网络系统调试与维修	40	实操			X
		2-3 可编程控制系统调试与维修	40	实操			X
3. 培训与技术管理	15	3-1 培训指导	15	笔试与口试	抽考二选一	60	X
		3-2 技术管理	15	笔试与口试			X

附录

培训要求与课程规范对照表

附录

附录1 职业基本素质培训要求与课程规范对照表

<table>
<tr><td colspan="3">2.1.1 职业基本素质培训要求</td><td colspan="4">2.2.1 职业基本素质培训课程规范</td></tr>
<tr><td>职业基本素质模块（模块）</td><td>培训内容（课程）</td><td>培训细目</td><td>学习单元</td><td>课程内容</td><td>培训建议</td><td>课堂学时</td></tr>
<tr><td rowspan="3">1.职业道德</td><td>1-1 职业认识</td><td>（1）电工职业定义
（2）电工的工作内容</td><td>（1）职业认知</td><td>1）电工职业的定义
2）电工的工作内容
3）电工的职业能力特征</td><td>（1）方法：讲授法、案例教学法
（2）重点与难点：电工的工作内容</td><td>1</td></tr>
<tr><td>1-2 职业道德基本知识</td><td>（1）职业道德修养
（2）电工职业道德规范</td><td>（2）道德与职业道德</td><td>1）职业道德
①职业道德的概念
②各行业共同的职业道德
③加强职业道德修养
2）电工职业道德规范</td><td>（1）方法：讲授法、案例教学法
（2）重点与难点：电工的职业道德规范</td><td>1</td></tr>
<tr><td>1-3 职业守则</td><td>（1）电工职业守则</td><td>（3）电工职业守则</td><td>1）遵纪守法，爱岗敬业
2）精益求精，勇于创新
3）爱护设备，安全操作
4）遵守规程，执行工艺
5）保护环境，文明生产</td><td>（1）方法：讲授法、案例教学法
（2）重点与难点：电工职业守则</td><td>1</td></tr>
<tr><td rowspan="3">2.基础知识</td><td rowspan="3">2-1 电工基础知识</td><td rowspan="3">（1）直流电路基本知识
（2）电磁基本知识
（3）交流电路基本知识
（4）电工识图基本知识
（5）电力变压器的识别与分类
（6）常用电机的识别与分类
（7）常用低压电器的识别与分类</td><td>（1）直流电路基本知识</td><td>1）电流、电压、电动势的基本概念及其单位换算
2）电阻的概念、电阻与温度的关系
3）欧姆定律、基尔霍夫定律
4）电能、电功率及焦耳定律</td><td>（1）方法：讲授法、演示法
（2）重点：欧姆定律、基尔霍夫定律
（3）难点：基尔霍夫定律的应用</td><td>6</td></tr>
<tr><td>（2）电磁基本知识</td><td>1）磁场的产生及性质
2）电磁感应产生条件
3）自感与互感
4）常用磁性材料</td><td>（1）方法：讲授法、演示法
（2）重点与难点：电磁学的基本知识和基本定律</td><td>6</td></tr>
<tr><td>（3）交流电路基本知识</td><td>1）单相正弦交流电路概念
2）单相交流电路的分析
3）提高功率因数的意义和方法
4）三相交流电路基本知识
5）三相交流电路的简单分析</td><td>（1）方法：讲授法、演示法
（2）重点与难点：正弦交流电三要素，三相四线制中三相负载的接法</td><td>6</td></tr>
</table>

续表

2.1.1 职业基本素质培训要求			2.2.1 职业基本素质培训课程规范			
职业基本素质模块（模块）	培训内容（课程）	培训细目	学习单元	课程内容	培训建议	课堂学时
2. 基础知识	2-1 电工基础知识	（1）直流电路基本知识 （2）电磁基本知识 （3）交流电路基本知识 （4）电工识图基本知识 （5）电力变压器的识别与分类 （6）常用电机的识别与分类 （7）常用低压电器的识别与分类	（4）电工识图基本知识	1）电工图的种类 2）电工图识读基本方法 3）室内照明电气图的识读 4）工厂、车间线路布置图的识读	（1）方法：讲授法、演示法 （2）重点与难点：工厂、车间线路布置图的识读	4
			（5）电力变压器的识别与分类	1）单相变压器 2）三相变压器	（1）方法：讲授法、演示法 （2）重点与难点：单相、三相变压器的识别与分类	2
			（6）常用电机的识别与分类	1）直流电动机 2）单相异步电动机 3）三相异步电动机	（1）方法：讲授法、演示法 （2）重点与难点：常用电机的识别与分类	2
			（7）常用低压电器的识别与分类	1）低压断路器 2）按钮、行程开关 3）交流接触器 4）时间继电器 5）熔断器 6）热继电器 7）速度继电器	（1）方法：讲授法、演示法 （2）重点与难点：常用低压电器的识别与分类	2
	2-2 电子技术基本知识	（1）常用电子元器件的图形符号和文字符号 （2）二极管的基本知识 （3）三极管的基本知识 （4）整流、滤波、稳压电路基本应用	（1）常用电子元器件的图形符号和文字符号	1）常用电子元器件的图形符号和文字符号 2）常用电子元器件型号命名方法	（1）方法：讲授法、演示法 （2）重点与难点：常用电子元器件图形符号和文字符号的识别	2
			（2）二极管基本知识	1）二极管的分类及特性 2）二极管的判别	（1）方法：讲授法、演示法 （2）重点：二极管的特性 （3）难点：二极管的判别	2
			（3）三极管基本知识	1）三极管的分类及特性 2）三极管的判别	（1）方法：讲授法、演示法 （2）重点：三极管的特性 （3）难点：三极管的判别	4

续表

2.1.1 职业基本素质培训要求			2.2.1 职业基本素质培训课程规范			
职业基本素质模块（模块）	培训内容（课程）	培训细目	学习单元	课程内容	培训建议	课堂学时
2. 基础知识	2-2 电子技术基本知识	（1）常用电子元器件的图形符号和文字符号 （2）二极管的基本知识 （3）三极管的基本知识 （4）整流、滤波、稳压电路基本应用	（4）整流、滤波、稳压电路基本应用	1）整流电路 2）滤波电路 3）稳压电路	（1）方法：讲授法、演示法 （2）重点：整流、滤波、稳压电路的工作原理 （3）难点：整流、滤波、稳压电路的应用	4
	2-3 常用电工工具、量具使用知识	（1）常用电工工具及其使用 （2）常用电工量具及其使用	（1）常用电工工具、量具使用知识	1）常用电工工具及其使用 ①旋具 ②电工刀 ③扳手 ④钳类工具 ⑤验电器 ⑥电烙铁 2）常用电工量具及其使用 ①钢直尺 ②卡钳 ③游标读数类量具 ④角度量具 ⑤水平仪	（1）方法：讲授法、演示法 （2）重点与难点：常用电工工具、量具的使用	3
	2-4 常用电工仪器、仪表使用知识	（1）电工测量基础知识 （2）常用电工仪表及其使用 （3）常用电工仪器及其使用	（1）常用电工仪器、仪表使用知识	1）电工测量基础知识 2）常用电工仪表及其使用 ①万用表 ②钳形电流表 ③兆欧表 ④电能表 3）常用电工仪器及其使用 ①示波器 ②信号发生器	（1）方法：讲授法、演示法 （2）重点与难点：常用电工仪器、仪表的使用	6
	2-5 常用电工材料选型知识	（1）常用导电材料的分类及其应用 （2）常用绝缘材料的分类及其应用 （3）常用磁性材料的分类及其应用	（1）常用电工材料选型知识	1）常用导电材料的分类及其应用 2）常用绝缘材料的分类及其应用 3）常用磁性材料的分类及其应用	（1）方法：讲授法、演示法 （2）重点：常用导电材料的选用 （3）难点：常用绝缘材料的选用	3

续表

2.1.1 职业基本素质培训要求			2.2.1 职业基本素质培训课程规范			
职业基本素质模块（模块）	培训内容（课程）	培训细目	学习单元	课程内容	培训建议	课堂学时
2. 基础知识	2-6 安全知识	（1）电工安全基本知识 （2）电工安全用具 （3）触电急救知识 （4）电气消防、接地、防雷等基本知识 （5）安全距离、安全色和安全标志等国家标准规定 （6）电气安全装置及电气安全操作规程	（1）安全知识	1）电工安全基本知识 2）电工安全用具 3）触电急救知识 4）电气消防、接地、防雷等基本知识 5）安全距离、安全色和安全标志等国家标准规定 6）电气安全装置及电气安全操作规程	（1）方法：讲授法、演示法 （2）重点：电工安全、触电急救、电气消防、接地基本知识 （3）难点：触电急救、电气安全装置及电气安全操作规程	8
	2-7 其他相关知识	（1）供电和用电基本知识 （2）钳工划线、钻孔等基础知识 （3）质量管理知识 （4）环境保护知识 （5）现场文明生产知识	（1）其他相关知识	1）供电和用电基本知识 2）钳工划线、钻孔等基础知识 3）质量管理知识 4）环境保护知识 5）现场文明生产知识	（1）方法：讲授法、演示法 （2）重点：供电和用电基本知识 （3）难点：钳工划线、钻孔等基础知识	5
3. 法律法规	3-1 相关法律、法规知识	（1）相关法律知识 （2）相关法规知识	（1）相关法律、法规知识	1）《中华人民共和国劳动合同法》相关知识 2）《中华人民共和国电力法》相关知识 3）《中华人民共和国安全生产法》相关知识 4）《特种作业人员安全技术培训考核管理规定》相关知识	（1）方法：讲授法 （2）重点：《中华人民共和国电力法》相关知识	2
课堂学时合计						70

附录

附录2　五级/初级职业技能培训要求与课程规范对照表

2.1.2　五级/初级职业技能培训要求				2.2.2　五级/初级职业技能培训课程规范			
职业功能模块（模块）	培训内容（课程）	技能目标	培训细目	学习单元	课程内容	培训建议	课堂学时
1.电器安装和线路敷设	1-1 低压电器选用	1-1-1 能识别常用低压电器的图形符号、文字符号	（1）识别常用低压电器的图形符号 （2）识别常用低压电器的文字符号	（1）识别和选用常用低压电器	1）刀开关 ①图形符号、文字符号 ②工作原理及使用方法 ③规格、型号的识别和选用	（1）方法：讲授法、演示法、实训（练习）法 （2）重点：常用低压电器的规格、型号识别 （3）难点：常用低压电器的规格、型号选用	8
		1-1-2 能识别和选用刀开关、熔断器、断路器、接触器、热继电器、主令电器、漏电保护器、指示灯等低压电气的规格、型号	（1）识别刀开关、熔断器、断路器、接触器、热继电器、主令电器、漏电保护器、指示灯等低压电器的规格、型号 （2）选用刀开关、熔断器、断路器、接触器、热继电器、主令电器、漏电保护器、指示灯等低压电器		2）熔断器 3）断路器 4）接触器 5）热继电器 6）主令电器 7）漏电保护器 8）指示灯		
		1-1-3 能识别防爆电气设备的防爆型式、防爆标识	（1）识别防爆电气设备的防爆型式 （2）识别防爆电气设备的防爆标识	（2）识别防爆电气设备的防爆型式、防爆标识	1）防爆电气设备的标识、等级 2）识别防爆电气设备的防爆型式、防爆标识	（1）方法：讲授法、演示法、实训（练习）法 （2）重点与难点：识别防爆电气设备的防爆型式、防爆标识	2

续表

2.1.2 五级/初级职业技能培训要求				2.2.2 五级/初级职业技能培训课程规范			
职业功能模块（模块）	培训内容（课程）	技能目标	培训细目	学习单元	课程内容	培训建议	课堂学时
1.电器安装和线路敷设	1-2 电工材料选用	1-2-1 能根据安全载流量和导线规格、型号选用电线、电缆	（1）选用电线 （2）选用电缆	（1）选用电线、电缆	1）电线、电缆的分类、性能、使用方法 2）电线、电缆的规格、型号 3）导线载流量的计算 4）电线、电缆的选用	（1）方法：讲授法、演示法、实训（练习）法 （2）重点：电线、电缆的选用 （3）难点：导线载流量的计算	2
		1-2-2 能根据使用场合选用电线管、桥架、线槽等	（1）选用电线管 （2）选用桥架 （3）选用线槽	（2）选用电线管、桥架、线槽	1）电工辅料的类型、选用方法 2）选用电线管 3）选用桥架 4）选用线槽	（1）方法：讲授法、演示法、实训（练习）法 （2）重点与难点：电线管、桥架、线槽的选用	2
		1-2-3 能识别低压电缆接头、接线端子	（1）识别低压电缆接头 （2）识别低压接线端子	（3）识别低压电缆接头、接线端子	1）识别低压电缆接头 2）识别低压接线端子	（1）方法：讲授法、演示法、实训（练习）法 （2）重点：低压电缆接头、接线端子的识别 （3）难点：低压电缆接头、接线端子的选用	2
	1-3 照明电路装调	1-3-1 能按要求配备照明灯具，确定安装位置	（1）配备照明灯具 （2）确定灯具安装位置	（1）配备照明灯具并确定安装位置	1）电光源及照明器材的种类 2）日光灯等常用电光源的工作原理 3）选用照明灯具 4）确定照明灯具安装位置	（1）方法：讲授法、演示法、实训（练习）法 （2）重点与难点：灯具安装位置的确定	4
		1-3-2 能按要求安装照明灯具	（1）安装照明灯具	（2）安装照明灯具	1）照明灯具安装规范 2）穿管电线安全载流量计算方法 3）安装照明灯具	（1）方法：讲授法、演示法、实训（练习）法 （2）重点：照明灯具的安装规范 （3）难点：照明灯具的安装	4

续表

2.1.2 五级/初级职业技能培训要求				2.2.2 五级/初级职业技能培训课程规范			
职业功能模块（模块）	培训内容（课程）	技能目标	培训细目	学习单元	课程内容	培训建议	课堂学时
1.电器安装和线路敷设	1-3 照明电路装调	1-3-3 能对不同照明灯具配备装具并安装接线	（1）家用照明灯具的安装接线（2）车间照明灯具的安装接线	（3）安装、调试照明线路	1）接线工艺规范	（1）方法：讲授法、演示法、实训（练习）法（2）重点：照明线路的安装（3）难点：照明线路的调试	20
					2）照明灯具的装具配备		
					3）家用照明线路的安装、接线与调试		
		1-3-4 能对照明线路进行调试	（1）家用照明线路的调试（2）车间照明线路的调试		4）车间照明线路的安装、接线与调试		
		1-3-5 能选择、安装有功电能表	（1）选择有功电能表（2）安装有功电能表	（4）选择、安装有功电能表	1）有功电能表的结构和工作原理	（1）方法：讲授法、演示法、实训（练习）法（2）重点：有功电能表的选择、安装（3）难点：有功电能表的安装	4
					2）选择有功电能表		
					3）安装有功电能表		
	1-4 动力及控制电路装调	1-4-1 能安装配电箱（柜）	（1）安装配电箱（柜）	（1）安装配电箱（柜）	1）低压电器安装规范	（1）方法：讲授法、演示法、实训（练习）法（2）重点：安装配电箱（柜）（3）难点：低压电器的规范安装	6
					2）低压保护系统分类		
					3）接地、接零安装规范		
					4）配电箱（柜）的安装要求		
					5）安装配电箱（柜）		
		1-4-2 能对金属管进行煨弯、穿线、固定	（1）金属管的煨弯（2）金属管的穿线（3）金属管的固定	（2）金属管的煨弯、穿线、固定	1）管线施工规范	（1）方法：讲授法、演示法、实训（练习）法（2）重点与难点：煨弯金属管	8
					2）金属管的煨弯		
					3）金属管的固定		
					4）金属管的穿线		

续表

2.1.2 五级/初级职业技能培训要求				2.2.2 五级/初级职业技能培训课程规范			
职业功能模块（模块）	培训内容（课程）	技能目标	培训细目	学习单元	课程内容	培训建议	课堂学时
1. 电器安装和线路敷设	1-4 动力及控制电路装调	1-4-3 能对电线保护管进行切割、穿线、连接、敷设	（1）电线保护管的切割 （2）电线保护管的穿线 （3）电线保护管的连接 （4）电线保护管的敷设	（3）电线保护管的切割、穿线、连接、敷设	1）室内电气布线规范 2）电线保护管的切割 3）电线保护管的穿线 4）电线保护管的连接 5）电线保护管的敷设	（1）方法：讲授法、演示法、实训（练习）法 （2）重点与难点：电线保护管的切割、穿线、连接、敷设	4
		1-4-4 能使用线槽、槽板、桥架、拖链带等敷设电线电缆	（1）使用线槽敷设电线电缆 （2）使用槽板敷设电线电缆 （3）使用桥架敷设电线电缆 （4）使用拖链带敷设电线电缆	（4）敷设电线电缆	1）敷设电线电缆的一般方法 2）使用线槽敷设电线电缆 3）使用槽板敷设电线电缆 4）使用桥架敷设电线电缆 5）使用拖链带敷设电线电缆	（1）方法：讲授法、演示法、实训（练习）法 （2）重点与难点：电线电缆的敷设	6
		1-4-5 能识别线号和标注线号	（1）识别线号 （2）标注线号	（5）导线的直线和分支连接	1）单芯、多芯导线的连接方法 2）接线盒内导线的连接方法 3）识别、标注线号 4）导线的直线连接 5）导线的分支连接	（1）方法：讲授法、演示法、实训（练习）法 （2）重点：导线的连接 （3）难点：导线连接规范	6
		1-4-6 能进行导线的直线和分支连接	（1）导线的直线连接 （2）导线的分支连接				
		1-4-7 能选择和压接接线端子	（1）选择接线端子 （2）压接接线端子	（6）选择和压接接线端子	1）选择接线端子 2）压接接线端子	（1）方法：讲授法、演示法、实训（练习）法 （2）重点与难点：选择和压接接线端子	2

续表

2.1.2 五级/初级职业技能培训要求				2.2.2 五级/初级职业技能培训课程规范			
职业功能模块（模块）	培训内容（课程）	技能目标	培训细目	学习单元	课程内容	培训建议	课堂学时
1.电器安装和线路敷设	1-4 动力及控制电路装调	1-4-8 能对动力配电线路进行接线、调试	(1)动力配电线路的接线 (2)动力配电线路的调试	(7)动力配电线路的接线与调试	1)动力配电线路的接线 2)动力配电线路的调试	(1)方法：讲授法、演示法、实训（练习）法 (2)重点：动力配电线路的接线 (3)难点：动力配电线路的调试	6
2.继电控制电路装调维修	2-1 低压电器安装、维修	2-1-1 能安装、修理、更换按钮、继电器、接触器、指示灯、熔断器	(1)安装、维修按钮 (2)安装、维修继电器 (3)安装、维修接触器 (4)安装、维修指示灯 (5)安装、维修熔断器	(1)安装、修理、更换常用低压电器	1)低压电器拆装工艺 2)按钮的安装、维修 ①按钮的功能、结构原理、种类 ②按钮的安装与使用 ③按钮常见故障及处理 3)继电器的安装、维修 ①继电器的功能、结构原理、种类 ②继电器的安装与使用 ③继电器常见故障及处理 4)接触器的安装、维修 ①接触器的功能、结构原理、种类 ②接触器的安装与使用 ③接触器常见故障及处理	(1)方法：讲授法、演示法、实训（练习）法 (2)重点：低压电器的安装 (3)难点：低压电器的维修	8

续表

2.1.2 五级/初级职业技能培训要求				2.2.2 五级/初级职业技能培训课程规范			
职业功能模块（模块）	培训内容（课程）	技能目标	培训细目	学习单元	课程内容	培训建议	课堂学时
2.继电控制电路装调维修	2-1 低压电器安装、维修	2-1-1 能安装、修理、更换按钮、继电器、接触器、指示灯、熔断器	（1）安装、维修按钮 （2）安装、维修继电器 （3）安装、维修接触器 （4）安装、维修指示灯 （5）安装、维修熔断器	（1）安装、修理、更换常用低压电器	5）指示灯的安装、维修 ①指示灯的功能、种类 ②指示灯的安装与使用 ③指示灯常见故障及处理 6）熔断器的安装、维修 ①熔断器的功能、结构原理、种类 ②熔断器的安装与使用 ③熔断器常见故障及处理		
		2-1-2 能进行低压电器电路的检查、故障排除	（1）检查低压电器电路故障 （2）排除低压电器电路故障	（2）检查、排除低压电器电路故障	1）低压电器电路故障检修的一般步骤 2）低压电器电路故障的检修	（1）方法：讲授法、演示法、实训（练习）法 （2）重点与难点：低压电器电路故障的检查与排除	4
		2-1-3 能对手电钻等手持电动工具的线路进行检修	（1）检修手电钻线路	（3）检修手电钻线路	1）手持电动工具国家标准 2）手电钻的结构与原理 3）手电钻的常见故障及检修	（1）方法：讲授法、演示法、实训（练习）法 （2）重点与难点：手电钻的线路检修	4
	2-2 交流电动机接线、维护	2-2-1 能分辨控制变压器的同名端	（1）分辨控制变压器的同名端	（1）分辨控制变压器的同名端	1）变压器同名端的判断方法 2）用直流法判别控制变压器的同名端 3）用交流法判别控制变压器的同名端	（1）方法：讲授法、演示法、实训（练习）法 （2）重点与难点：变压器同名端的判别	2

续表

2.1.2 五级/初级职业技能培训要求				2.2.2 五级/初级职业技能培训课程规范			
职业功能模块（模块）	培训内容（课程）	技能目标	培训细目	学习单元	课程内容	培训建议	课堂学时
2.继电控制电路装调维修	2-2 交流电动机接线、维护	2-2-2 能分辨三相交流异步电动机绕组的首尾端	（1）分辨三相交流异步电动机绕组的首尾端	（2）分辨三相交流异步电动机绕组的首尾端	1）三相交流异步电动机的工作原理、分类 2）三相交流异步电动机绕组的首尾端判别	（1）方法：讲授法、演示法、实训（练习）法 （2）重点与难点：三相交流异步电动机绕组首尾端的判别	4
		2-2-3 能对三相交流异步电动机的主电路、正反转控制电路、Y/△启动控制电路进行接线、维护	（1）三相交流异步电动机正反转控制电路接线、维护 （2）三相交流异步电动机Y/△启动控制电路接线、维护	（3）三相交流异步电动机主电路、控制电路的接线与维护	1）线路布线工艺 2）三相交流异步电动机正反转控制电路的接线与维护 3）三相交流异步电动机Y/△启动控制电路接线与维护	（1）方法：讲授法、演示法、实训（练习）法 （2）重点：三相交流异步电动机正反转、Y/△启动控制电路的接线与维护 （3）难点：三相交流异步电动机Y/△启动控制电路的接线与维护	12
		2-2-4 能对单相交流异步电动机进行接线、维护	（1）单相交流异步电动机接线 （2）维护单相交流异步电动机	（4）单相异步电动机的接线与维护	1）单相交流异步电动机的分类、工作原理 2）单相交流异步电动机的接线 3）单相交流异步电动机的维护 4）单相交流异步电动机的故障处理	（1）方法：讲授法、演示法、实训（练习）法 （2）重点与难点：单相交流异步电动机的接线与维护	4
		2-2-5 能对三相交流异步电动机进行保养	（1）保养三相交流异步电动机	（5）三相交流异步电动机的保养	1）电动机绝缘检测方法 2）三相交流异步电动机的拆装、保养	（1）方法：讲授法、演示法、实训（练习）法 （2）重点：三相异步电动机的拆装 （3）难点：三相交流异步电动机的保养	6

续表

2.1.2 五级/初级职业技能培训要求				2.2.2 五级/初级职业技能培训课程规范			
职业功能模块（模块）	培训内容（课程）	技能目标	培训细目	学习单元	课程内容	培训建议	课堂学时
2.继电控制电路装调维修	2-3 低压动力控制电路维修	2-3-1 能识读电气原理图	（1）识读电气原理图	（1）识读电气原理图	1）电气原理图的识读与分析方法	（1）方法：讲授法、演示法、实训（练习）法（2）重点与难点：识读与分析电气原理图	2
					2）识读元件布置图		
					3）识读安装接线图		
		2-3-2 能进行三相交流笼型异步电动机单方向运转控制电路的检查、调试、故障排除	（1）三相交流笼型异步电动机点动控制电路的检查、调试、故障排除	（2）三相交流笼型异步电动机单方向运转控制电路的检查、调试、故障排除	1）三相交流笼型异步电动机单方向运转控制电路原理	（1）方法：讲授法、演示法、实训（练习）法（2）重点：三相交流笼型异步电动机自锁控制电路的检查、调试、故障排除（3）难点：三相交流笼型异步电动机点动与自锁混合控制电路的故障排除	6
			（2）三相交流笼型异步电动机自锁控制电路的检查、调试、故障排除		2）三相交流笼型异步电动机点动控制电路的检查、调试、故障排除		
			（3）三相交流笼型异步电动机点动与自锁混合控制电路的检查、调试、故障排除		3）三相交流笼型异步电动机自锁控制电路的检查、调试、故障排除		
					4）三相交流笼型异步电动机点动与自锁混合控制电路的检查、调试、故障排除		
		2-3-3 能进行三相交流笼型异步电动机正反转控制电路的检查、调试、故障排除	（1）三相交流笼型异步电动机接触器联锁正反转控制电路的检查、调试、故障排除	（3）三相交流笼型异步电动机正反转控制电路的检查、调试、故障排除	1）三相交流笼型异步电动机正反转控制电路原理	（1）方法：讲授法、演示法、实训（练习）法（2）重点与难点：三相交流笼型异步电动机接触器按钮双重联锁正反转控制电路的检查、调试、故障排除	6
					2）三相交流笼型异步电动机接触器联锁正反转控制电路的检查、调试、故障排除		

续表

2.1.2 五级/初级职业技能培训要求				2.2.2 五级/初级职业技能培训课程规范			
职业功能模块（模块）	培训内容（课程）	技能目标	培训细目	学习单元	课程内容	培训建议	课堂学时
2. 继电控制电路装调维修	2-3 低压动力控制电路维修	2-3-3 能进行三相交流笼型异步电动机正反转控制电路的检查、调试、故障排除	（2）三相交流笼型异步电动机接触器按钮双重联锁正反转控制电路的检查、调试、故障排除	（3）三相交流笼型异步电动机正反转控制电路的检查、调试、故障排除	3）三相交流笼型异步电动机接触器按钮双重联锁正反转控制电路的检查、调试、故障排除		
		2-3-4 能进行三相交流笼型异步电动机Y/△启动等降压启动控制电路的检查、调试、故障排除	（1）三相交流笼型异步电动机Y/△启动控制电路的检查、调试、故障排除（2）三相交流笼型异步电动机定子绕组串电阻启动控制电路的检查、调试、故障排除（3）三相交流笼型异步电动机自耦变压器降压启动控制电路的检查、调试、故障排除（4）三相交流异步电动机延边△降压启动控制电路的检查、调试、故障排除	（4）三相交流笼型异步电动机降压启动控制电路的检查、调试、故障排除	1）三相交流笼型异步电动机Y/△启动控制电路原理 2）三相交流笼型异步电动机Y/△启动控制电路的检查、调试、故障排除 3）三相交流笼型异步电动机定子绕组串电阻启动控制电路的检查、调试、故障排除 4）三相交流笼型异步电动机自耦变压器降压启动控制电路的检查、调试、故障排除 5）三相交流笼型异步电动机延边△降压启动控制电路的检查、调试、故障排除	（1）方法：讲授法、演示法、实训（练习）法（2）重点与难点：三相交流笼型异步电动机Y/△启动控制电路的检查、调试、故障排除	6
		2-3-5 能进行三相交流笼型多速异步电动机启动控制电路的检查、调试、故障排除	（1）三相交流笼型双速异步电动机控制电路的检查、调试、故障排除	（5）三相交流笼型多速异步电动机启动控制电路的检查、调试、故障排除	1）三相交流笼型多速异步电动机的工作原理 2）三相交流笼型双速异步电动机控制电路的检查、调试、故障排除	（1）方法：讲授法、演示法、实训（练习）法	6

续表

2.1.2 五级/初级职业技能培训要求			2.2.2 五级/初级职业技能培训课程规范			
职业功能模块（模块）	培训内容（课程）	技能目标	培训细目	学习单元	课程内容	培训建议	课堂学时

职业功能模块（模块）	培训内容（课程）	技能目标	培训细目	学习单元	课程内容	培训建议	课堂学时
2.继电控制电路装调维修	2-3 低压动力控制电路维修	2-3-5 能进行三相交流笼型多速异步电动机启动控制电路的检查、调试、故障排除	（2）三相交流笼型三速异步电动机控制电路的检查、调试、故障排除	（5）三相交流笼型多速异步电动机启动控制电路的检查、调试、故障排除	3）三相交流笼型三速异步电动机控制电路的检查、调试、故障排除	（2）重点与难点：三相交流笼型双速异步电动机控制电路的检查、调试、故障排除	
		2-3-6 能进行三相交流笼型异步电动机多处控制电路的检查、调试、故障排除	（1）三相交流笼型异步电动机两处控制电路的检查、调试、故障排除	（6）三相交流笼型异步电动机多处控制电路的检查、调试、故障排除	1）三相交流笼型异步电动机两处控制电路原理 2）三相交流笼型异步电动机两处控制电路的检查、调试、故障排除	（1）方法：讲授法、演示法、实训（练习）法 （2）重点与难点：三相交流笼型异步电动机两处控制电路的检查、调试、故障排除	4
		2-3-7 能进行三相交流笼型异步电动机电磁抱闸控制电路的检查、调试、故障排除	（1）三相交流笼型异步电动机电磁抱闸断电制动控制电路的检查、调试、故障排除 （2）三相交流笼型异步电动机电磁抱闸通电制动控制电路的检查、调试、故障排除	（7）三相交流笼型异步电动机电磁抱闸控制电路的检查、调试、故障排除	1）三相交流笼型异步电动机电磁抱闸控制电路原理 2）三相交流笼型异步电动机电磁抱闸断电制动控制电路的检查、调试、故障排除 3）三相交流笼型异步电动机电磁抱闸通电制动控制电路的检查、调试、故障排除	（1）方法：讲授法、演示法、实训（练习）法 （2）重点与难点：三相交流笼型异步电动机电磁抱闸控制电路的检查、调试、故障排除	4
3.基本电子电路装调维修	3-1 电子元件焊接作业	3-1-1 能根据焊接对象选择焊接工具	（1）选用焊接工具	（1）选用焊接工具	1）常用焊接工具 2）电烙铁的选用	（1）方法：讲授法、演示法、实训（练习）法 （2）重点与难点：电烙铁的选用	2
		3-1-2 能进行焊前处理	（1）焊前处理	（2）焊前处理	1）焊丝的分类、选用方法 2）助焊剂的选用 3）焊前处理	（1）方法：讲授法、演示法、实训（练习）法 （2）重点与难点：助焊剂的选用、焊前处理	4

续表

2.1.2 五级/初级职业技能培训要求				2.2.2 五级/初级职业技能培训课程规范			
职业功能模块（模块）	培训内容（课程）	技能目标	培训细目	学习单元	课程内容	培训建议	课堂学时
3. 基本电子电路装调维修	3-1 电子元件焊接作业	3-1-3 能安装、焊接由电阻器、电容器、二极管、三极管等组成的单面印制电路板	（1）安装由电阻器、电容器、二极管、三极管等组成的单面印制电路板 （2）焊接由电阻器、电容器、二极管、三极管等组成的单面印制电路板	（3）安装、焊接单面印制电路板	1）电子焊接工艺 2）单面印制电路板元件的安装 3）单面印制电路板元件的焊接	（1）方法：讲授法、演示法、实训（练习）法 （2）重点与难点：安装、焊接单面印制电路板	6
		3-1-4 能识别虚焊、假焊	（1）识别虚焊 （2）识别假焊	（4）识别虚焊、假焊	1）常见焊接缺陷的产生原因、危害及防止措施 2）虚焊、假焊的识别	（1）方法：讲授法、演示法、实训（练习）法 （2）重点与难点：虚焊、假焊的识别	2
	3-2 电子电路调试、维修	3-2-1 能进行半波和全波整流稳压电路的测量、调试、维修	（1）测量、调试、维修半波整流稳压电路 （2）测量、调试、维修全波整流稳压电路	（1）测量、调试、维修半波整流稳压电路	1）半导体器件的特性、工作原理 2）半波整流稳压电路的工作原理 3）半波整流稳压电路的测量、调试、维修	（1）方法：讲授法、演示法、实训（练习）法 （2）重点与难点：半波稳压电路的测量、调试、维修	6
				（2）测量、调试、维修全波整流稳压电路	1）全波整流稳压电路的工作原理（桥式） 2）全波整流稳压电路（桥式）的测量、调试、维修	（1）方法：讲授法、演示法、实训（练习）法 （2）重点与难点：全波整流稳压电路的测量、调试、维修	6
		3-2-2 能进行基本放大电路的测量、调试、维修	（1）测量基本放大电路 （2）调试基本放大电路 （3）维修基本放大电路	（3）测量、调试、维修基本放大电路	1）基本放大电路的组成、工作原理 2）基本放大电路的测量、调试、维修（单管）	（1）方法：讲授法、演示法、实训（练习）法 （2）重点与难点：基本放大电路的测量、调试、维修	10
课堂学时合计								200

附录3 四级／中级职业技能培训要求与课程规范对照表

2.1.3 四级／中级职业技能培训要求				2.2.3 四级／中级职业技能培训课程规范			
职业功能模块（模块）	培训内容（课程）	技能目标	培训细目	学习单元	课程内容	培训建议	课堂学时
1.继电控制电路装调维修	1-1 低压电器选用	1-1-1 能根据需要选用中间继电器、时间继电器、计数器等器件	（1）选用中间继电器 （2）选用时间继电器 （3）选用计数器	（1）选用中间继电器、时间继电器、计数器	1）中间继电器的种类、功能、结构原理 2）中间继电器的选用 3）时间继电器的种类、功能、结构原理 4）时间继电器的选用 5）计数器的种类、功能、结构原理 6）计数器的选用	（1）方法：讲授法、演示法、实训（练习）法 （2）重点与难点：时间继电器的选用	3
		1-1-2 能根据需要选用断路器、接触器、热继电器等器件	（1）选用断路器 （2）选用接触器 （3）选用热继电器	（2）选用断路器、接触器、热继电器	1）断路器的种类、功能、结构原理 2）断路器的选用 3）接触器的种类、功能、结构原理 4）接触器的选用 5）热继电器的种类、功能、结构原理 6）热继电器的选用	（1）方法：讲授法、演示法、实训（练习）法 （2）重点：接触器的选用 （3）难点：热继电器的选用	3
	1-2 继电器、接触器线路装调	1-2-1 能对多台三相交流笼型异步电动机顺序控制电路进行安装、调试	（1）安装、调试两台三相交流笼型异步电动机顺序控制电路（用主电路实现） （2）安装、调试两台三相交流笼型异步电动机顺序控制电路（用控制电路实现）	（1）安装、调试两台三相交流笼型异步电动机顺序控制电路	1）三相交流笼型异步电动机顺序控制电路原理 2）两台三相交流笼型异步电动机主电路顺序控制电路的安装、调试 3）两台三相交流笼型异步电动机控制电路顺序控制电路的安装、调试	（1）方法：讲授法、演示法、实训（练习）法 （2）重点与难点：两台三相交流笼型异步电动机顺序控制电路的安装、调试	8

2.1.3 四级/中级职业技能培训要求				2.2.3 四级/中级职业技能培训课程规范			
职业功能模块（模块）	培训内容（课程）	技能目标	培训细目	学习单元	课程内容	培训建议	课堂学时
1. 继电控制电路装调维修	1-2 继电器、接触器线路装调	1-2-2 能对三相交流笼型异步电动机位置控制电路进行安装、调试	（1）安装、调试三相交流笼型异步电动机位置控制电路 （2）安装、调试三相交流笼型异步电动机自动往返控制电路	（2）安装、调试三相交流笼型异步电动机位置控制电路	1）三相交流笼型异步电动机位置控制电路原理 2）三相交流笼型异步电动机位置控制电路的安装、调试 3）三相交流笼型异步电动机自动往返控制电路的安装、调试	（1）方法：讲授法、演示法、实训（练习）法 （2）重点与难点：三相交流笼型异步电动机位置控制电路的安装、调试	8
		1-2-3 能对三相交流绕线式异步电动机启动控制电路进行安装、调试	（1）安装、调试三相交流绕线式异步电动机转子绕组串接电阻启动控制电路 （2）安装、调试三相交流绕线式异步电动机转子绕组串接频敏变阻器启动控制电路 （3）安装、调试三相交流绕线式异步电动机凸轮控制器控制电路	（3）安装、调试三相交流绕线式异步电动机启动控制电路	1）三相交流绕线式异步电动机启动控制电路原理 2）三相交流绕线式异步电动机转子绕组串接电阻启动控制电路的安装、调试 3）三相交流绕线式异步电动机转子绕组串接频敏变阻器启动控制电路的安装、调试 4）三相交流绕线式异步电动机凸轮控制器控制电路的安装、调试	（1）方法：讲授法、演示法、实训（练习）法 （2）重点：三相交流绕线式异步电动机转子绕组串接电阻启动控制电路的安装、调试 （3）难点：三相交流绕线式异步电动机凸轮控制器控制电路的安装、调试	12
		1-2-4 能对三相交流异步电动机能耗制动、反接制动、再生发电制动等制动电路进行安装、调试	（1）安装、调试三相交流异步电动机能耗制动控制电路	（4）安装、调试三相交流异步电动机能耗制动控制电路	1）三相交流异步电动机能耗制动电路原理 2）三相交流异步电动机能耗制动控制电路的安装、调试	（1）方法：讲授法、演示法、实训（练习）法 （2）重点与难点：三相交流异步电动机能耗制动控制电路的安装、调试	4

四级/中级职业技能培训要求与课程规范对照表

续表

2.1.3 四级/中级职业技能培训要求				2.2.3 四级/中级职业技能培训课程规范			
职业功能模块（模块）	培训内容（课程）	技能目标	培训细目	学习单元	课程内容	培训建议	课堂学时
1.继电控制电路装调维修	1-2 继电器、接触器线路装调	1-2-4 能对三相交流异步电动机能耗制动、反接制动、再生发电制动等制动电路进行安装、调试	（2）安装、调试三相交流异步电动机反接制动控制电路	（5）安装、调试三相交流异步电动机反接制动控制电路	1）三相交流异步电动机反接制动电路原理	（1）方法：讲授法、演示法、实训（练习）法（2）重点与难点：三相交流异步电动机反接制动控制电路的安装、调试	4
					2）三相交流异步电动机反接制动控制电路的安装、调试		
			（3）安装、调试三相交流异步电动机再生发电制动控制电路	（6）安装、调试三相交流异步电动机再生发电制动控制电路	1）三相交流异步电动机再生发电制动电路原理	（1）方法：讲授法、演示法、实训（练习）法（2）重点与难点：三相交流异步电动机再生发电制动控制电路的安装、调试	4
					2）三相交流异步电动机再生发电制动控制电路的安装、调试		
	1-3 临时供电、用电设备设施的安装、维护	1-3-1 能安装、维护临时用电总配电箱、分配电箱、开关箱及线路	（1）安装、维护临时用电总配电箱	（1）安装、维护临时用电总配电箱、分配电箱、开关箱及线路	1）临时用电配电箱、开关箱安装规范	（1）方法：讲授法、演示法、实训（练习）法（2）重点与难点：临时用电配电箱的安装、维护	12
			（2）安装、维护临时用电分配电箱		2）安装、维护临时用电总配电箱		
			（3）安装、维护临时用电开关箱		3）安装、维护临时用电分配电箱		
			（4）安装、维护临时用电线路		4）安装、维护临时用电开关箱		
					5）安装、维护临时用电线路		
		1-3-2 能选用、安装临时用电照明装置、隔离变压器	（1）选用、安装临时用电照明装置	（2）选用、安装临时用电照明装置、隔离变压器	1）选用、安装临时用电照明装置 ①临时用电照明装置选用 ②临时用电照明装置的安装	（1）方法：讲授法、演示法、实训（练习）法（2）重点：选用、安装临时用电照明装置（3）难点：选用、安装临时用电隔离变压器	6
			（2）选用、安装临时用电隔离变压器		2）选用、安装临时用电隔离变压器 ①临时用电隔离变压器的工作原理及选用 ②临时用电隔离变压器的安装		

续表

2.1.3 四级／中级职业技能培训要求				2.2.3 四级／中级职业技能培训课程规范			
职业功能模块（模块）	培训内容（课程）	技能目标	培训细目	学习单元	课程内容	培训建议	课堂学时
1. 继电控制电路装调维修	1-3 临时供电、用电设备设施的安装、维护	1-3-3 能安装、维护、拆除卷扬机、搅拌机等电动建筑机械	（1）安装、维护、拆除卷扬机 （2）安装、维护、拆除搅拌机	（3）安装、维护、拆除卷扬机、搅拌机等电动建筑机械	1）低压电器及电动机的防护等级 2）卷扬机的结构、工作原理 3）安装、维护、拆除卷扬机 3）搅拌机的结构、工作原理 4）安装、维护、拆除搅拌机	（1）方法：讲授法、演示法、实训（练习）法 （2）重点与难点：安装、维护搅拌机、卷扬机	8
		1-3-4 能安装、维护、拆除电焊机等移动式设备	（1）安装、维护交流电焊机 （2）拆除交流电焊机	（4）安装、维护、拆除交流电焊机等移动式设备	1）交流电焊机的结构、工作原理 2）安装、维护交流电焊机 3）拆除交流电焊机	（1）方法：讲授法、演示法、实训（练习）法 （2）重点与难点：安装、维护交流电焊机	6
		1-3-5 能安装、维护临时用电设备的接地装置、独立避雷针	（1）安装、维护临时用电设备的接地装置 （2）安装、维护独立避雷针	（5）安装、维护临时用电设备的接地装置、独立避雷针	1）临时用电系统电气工作接地、保护接地（接零）等接地装置的安装规范 2）建筑物防雷设计规范 3）临时用电设备的接地装置的结构、工作原理 4）安装、维护临时用电设备的接地装置 5）独立避雷针的结构、工作原理 6）安装、维护独立避雷针	（1）方法：讲授法、演示法、实训（练习）法 （2）重点与难点：安装、维护临时用电设备的接地装置、独立避雷针	6

续表

2.1.3 四级／中级职业技能培训要求				2.2.3 四级／中级职业技能培训课程规范			
职业功能模块（模块）	培训内容（课程）	技能目标	培训细目	学习单元	课程内容	培训建议	课堂学时
1．继电控制电路装调维修	1-4 机床电气控制电路调试、维修	1-4-1 能对C6140车床或类似难度的电气控制电路进行调试，对电路故障进行排除	（1）调试C6140车床电气控制电路 （2）排除C6140车床电气控制电路故障	（1）调试、检修C6140车床电气控制电路	1）机床电气故障分析、排除方法 2）C6140车床结构、运动形式及控制要求 3）C6140车床电气控制电路的组成、控制原理 4）调试C6140车床控制电路 5）排除C6140车床电气故障	（1）方法：讲授法、演示法、实训（练习）法 （2）重点：调试C6140车床电气控制电路 （3）难点：排除C6140车床电气故障	10
		1-4-2 能对M7130平面磨床或类似难度的电气控制电路进行调试，对电路故障进行排除	（1）调试M7130平面磨床电气控制电路 （2）排除M7130平面磨床电气控制电路故障	（2）调试、检修M7130平面磨床电气控制电路	1）M7130平面磨床结构、运动形式及控制要求 2）M7130平面磨床电气控制电路组成、控制原理 3）调试M7130平面磨床控制电路 4）排除M7130平面磨床电气故障	（1）方法：讲授法、演示法、实训（练习）法 （2）重点：调试M7130平面磨床电气控制电路 （3）难点：排除M7130平面磨床电气故障	12
		1-4-3 能对Z37摇臂钻床或类似难度的电气控制电路进行调试，对电路故障进行排除	（1）调试Z37摇臂钻床电气控制电路 （2）排除Z37摇臂钻床电气控制电路故障	（3）调试、检修Z37摇臂钻床电气控制电路	1）Z37摇臂钻床结构、运动形式及控制要求 2）Z37摇臂钻床电气控制电路组成、控制原理 3）调试Z37摇臂钻床控制电路 4）排除Z37摇臂钻床电气故障	（1）方法：讲授法、演示法、实训（练习）法 （2）重点：调试Z37摇臂钻床电气控制电路 （3）难点：排除Z37摇臂钻床电气故障	8

续表

2.1.3 四级/中级职业技能培训要求					2.2.3 四级/中级职业技能培训课程规范			
职业功能模块（模块）	培训内容（课程）	技能目标	培训细目	学习单元	课程内容	培训建议	课堂学时
2．电气设备（装置）装调维修	2-1 可编程控制器控制电路装调	2-1-1 能根据可编程控制器控制电路接线图连接可编程控制器及其外围线路	（1）连接可编程控制器输入信号外围电路 （2）连接可编程控制器输出信号外围电路	（1）连接可编程控制器线路	1）可编程控制器的结构、特点 2）可编程控制器工作原理 3）可编程控制器输入、输出接线规则 4）连接可编程控制器输入信号外围电路 5）连接可编程控制器输出信号外围电路	（1）方法：讲授法、演示法、实训（练习）法 （2）重点与难点：可编程控制器及其外围线路接线	6
		2-1-2 能使用编程软件从可编程控制器中读写程序	（1）使用编程软件向可编程控制器中写程序 （2）使用编程软件从可编程控制器中读程序	（2）可编程控制器程序的读写	1）可编程控制器编程软件的基本功能、使用方法 2）使用编程软件向可编程控制器中写程序 3）使用编程软件从可编程控制器中读程序	（1）方法：讲授法、演示法、实训（练习）法 （2）重点与难点：可编程控制器程序的读写	6
		2-1-3 能使用可编程控制器的基本指令编写、修改三相异步电动机正反转、Y/△启动、三台电动机顺序启停等基本控制电路的控制程序	（1）使用基本指令编写、修改三相异步电动机正反转控制电路的控制程序 （2）使用基本指令编写、修改三相异步电动机Y/△启动控制电路的控制程序 （3）使用基本指令编写、修改三台电动机顺序启停控制电路的控制程序	（3）可编程控制器基本指令程序的编写、修改	1）可编程控制器基本指令的使用 2）可编程控制器定时器指令的使用 3）可编程控制器计数器指令的使用 4）三相异步电动机正反转控制电路控制程序的编写、修改 5）三相异步电动机Y/△启动控制电路控制程序的编写、修改 6）三台电动机顺序启停控制电路控制程序的编写、修改	（1）方法：讲授法、演示法、实训（练习）法 （2）重点：可编程控制器定时器、计数器指令的使用 （3）难点：编写三台电动机顺序启停控制电路的控制程序	20

续表

2.1.3 四级/中级职业技能培训要求				2.2.3 四级/中级职业技能培训课程规范			
职业功能模块（模块）	培训内容（课程）	技能目标	培训细目	学习单元	课程内容	培训建议	课堂学时
2.电气设备（装置）装调维修	2-2 常见电力电子装置维护	2-2-1 能识别软启动器操作面板，电源输入端、输出端、控制端	（1）识别软启动器操作面板（2）识别软启动器电源输入端、输出端（3）识别软启动器电源控制端	（1）识别软启动器操作面板，电源输入端、输出端、控制端	1）软启动器工作原理 2）软启动器使用方法 3）识别软启动器操作面板 4）识别软启动器电源输入端、输出端 5）识别软启动器电源控制端	（1）方法：讲授法、演示法、实训（练习）法 （2）重点：识别软启动器操作面板 （3）难点：软启动器的使用方法	6
		2-2-2 能判断、排除软启动器故障	（1）判断软启动器故障 （2）排除软启动器故障	（2）判断、排除软启动器故障	1）软启动器常见故障的类型 2）软启动器故障的判断、排除	（1）方法：讲授法、演示法、实训（练习）法 （2）重点与难点：软启动器故障的判断、排除	6
		2-2-3 能设置充电桩参数	（1）设置充电桩参数 （2）使用充电桩	（3）设置充电桩参数	1）充电桩工作原理 2）充电桩的使用方法 3）充电桩的主要参数 4）充电桩参数设置	（1）方法：讲授法、演示法、实训（练习）法 （2）重点与难点：充电桩参数设置	4
		2-2-4 能检修充电桩电路	（1）分析充电桩电路故障 （2）检修充电桩电路	（4）检修充电桩电路	1）充电桩电路常见故障类型 2）检修充电桩电路	（1）方法：讲授法、演示法、实训（练习）法 （2）重点与难点：充电桩电路的检修	8

续表

2.1.3 四级/中级职业技能培训要求				2.2.3 四级/中级职业技能培训课程规范			
职业功能模块（模块）	培训内容（课程）	技能目标	培训细目	学习单元	课程内容	培训建议	课堂学时
3.自动控制电路装调维修	3-1 传感器装调	3-1-1 能根据现场设备条件选择传感器类型	(1)选择传感器类型	(1)选择传感器类型	1)传感器的分类	(1)方法：讲授法、演示法、实训（练习）法 (2)重点与难点：传感器的选用	2
					2)传感器的结构		
					3)传感器的选用		
		3-1-2 能安装、调试光电开关	(1)安装光电开关 (2)调试光电开关	(2)安装、调试光电开关	1)光电开关的工作原理、使用方法	(1)方法：讲授法、演示法、实训（练习）法 (2)重点：安装、调试光电开关 (3)难点：调试光电开关	2
					2)安装光电开关		
					3)调试光电开关		
		3-1-3 能安装、调试霍尔开关	(1)安装霍尔开关 (2)调试霍尔开关	(3)安装、调试霍尔开关	1)霍尔开关的工作原理、使用方法	(1)方法：讲授法、演示法、实训（练习）法 (2)重点：安装、调试霍尔开关 (3)难点：调试霍尔开关	2
					2)安装霍尔开关		
					3)调试霍尔开关		
		3-1-4 能安装、调试电感式开关	(1)安装电感式开关 (2)调试电感式开关	(4)安装、调试电感式开关	1)电感式开关的工作原理、使用方法	(1)方法：讲授法、演示法、实训（练习）法 (2)重点：安装、调试电感式开关 (3)难点：调试电感式开关	2
					2)安装电感式开关		
					3)调试电感式开关		
		3-1-5 能安装、调试电容式开关	(1)安装电容式开关 (2)调试电容式开关	(5)安装、调试电容式开关	1)电容式开关的工作原理、使用方法	(1)方法：讲授法、演示法、实训（练习）法 (2)重点：安装、调试电容式开关 (3)难点：调试电容式开关	2
					2)安装电容式开关		
					3)调试电容式开关		

四级／中级职业技能培训要求与课程规范对照表

续表

2.1.3　四级／中级职业技能培训要求				2.2.3　四级／中级职业技能培训课程规范			
职业功能模块（模块）	培训内容（课程）	技能目标	培训细目	学习单元	课程内容	培训建议	课堂学时
3．自动控制电路装调维修	3-2 专用继电器装调	3-2-1 能安装、调试速度继电器	（1）安装速度继电器 （2）调试速度继电器	（1）安装、调试速度继电器	1）速度继电器的工作原理、使用方法 2）安装速度继电器 3）调试速度继电器	（1）方法：讲授法、演示法、实训（练习）法 （2）重点：安装、调试速度继电器 （3）难点：安装速度继电器	2
		3-2-2 能安装、调试温度继电器	（1）安装温度继电器 （2）调试温度继电器	（2）安装、调试温度继电器	1）温度继电器的工作原理、使用方法 2）安装温度继电器 3）调试温度继电器	（1）方法：讲授法、演示法、实训（练习）法 （2）重点：安装、调试温度继电器 （3）难点：调试温度继电器	2
		3-2-3 能安装、调试压力继电器	（1）安装压力继电器 （2）调试压力继电器	（3）安装、调试压力继电器	1）压力继电器的工作原理、使用方法 2）安装压力继电器 3）调试压力继电器	（1）方法：讲授法、演示法、实训（练习）法 （2）重点：安装、调试压力继电器 （3）难点：调试压力继电器	2
4．基本电子电路装调维修	4-1 仪器仪表使用	4-1-1 能使用单、双臂电桥测量电阻	（1）使用单臂电桥测量电阻 （2）使用双臂电桥测量电阻	（1）单、双臂电桥测量电阻	1）单臂电桥的结构、原理 2）使用单臂电桥测量电阻 3）双臂电桥的结构、原理 4）使用双臂电桥测量电阻	（1）方法：讲授法、演示法、实训（练习）法 （2）重点与难点：单、双臂电桥的使用	4

125

续表

2.1.3 四级/中级职业技能培训要求				2.2.3 四级/中级职业技能培训课程规范			
职业功能模块（模块）	培训内容（课程）	技能目标	培训细目	学习单元	课程内容	培训建议	课堂学时
4.基本电子电路装调维修	4-1 仪器仪表使用	4-1-2 能使用信号发生器产生三角波、正弦波、矩形波等信号	（1）使用信号发生器产生三角波信号（2）使用信号发生器产生正弦波信号（3）使用信号发生器产生矩形波信号	（2）信号发生器的使用	1）信号发生器的使用方法 2）使用信号发生器产生三角波信号 3）使用信号发生器产生正弦波信号 4）使用信号发生器产生矩形波信号	（1）方法：讲授法、演示法、实训（练习）法（2）重点与难点：信号发生器的使用	2
		4-1-3 能使用示波器测量波形的幅值、频率	（1）使用示波器测量波形的幅值（2）使用示波器测量波形的频率	（3）使用示波器测量波形的幅值、频率	1）示波器的使用方法 2）测量波形的幅值、频率	（1）方法：讲授法、演示法、实训（练习）法（2）重点与难点：用示波器测量波形的幅值、频率	2
	4-2 电子元器件选用	4-2-1 能为稳压电路选用78、79系列集成电路	（1）78系列集成电路的选用（2）79系列集成电路的选用	（1）选用78、79系列集成电路	1）78、79系列三端稳压集成电路的功能 2）78、79系列三端稳压集成电路的选用	（1）方法：讲授法、演示法、实训（练习）法（2）重点与难点：78、79系列三端稳压集成电路选用	2
		4-2-2 能为调光调速电路选用晶闸管	（1）调光电路晶闸管的选用（2）调速电路晶闸管的选用	（2）选用晶闸管	1）晶闸管的结构、工作原理 2）调光电路晶闸管的选用 3）调速电路晶闸管的选用	（1）方法：讲授法、演示法、实训（练习）法（2）重点与难点：晶闸管的选用	2
	4-3 电子线路装调维修	4-3-1 能对78、79系列集成电路进行安装、调试、故障排除	（1）安装、调试稳压电路（78、79系列）（2）排除稳压电路（78、79系列）故障	（1）78、79系列集成电路的安装、调试、故障排除	1）78、79系列三端稳压集成电路的原理 2）稳压电路（78、79系列）的安装、调试 3）稳压电路（78、79系列）的故障排除	（1）方法：讲授法、演示法、实训（练习）法（2）重点与难点：稳压电路（78、79系列）的安装、调试、故障排除	12

续表

2.1.3 四级/中级职业技能培训要求				2.2.3 四级/中级职业技能培训课程规范			
职业功能模块（模块）	培训内容（课程）	技能目标	培训细目	学习单元	课程内容	培训建议	课堂学时
4. 基本电子电路装调维修	4-3 电子线路装调维修	4-3-2 能对阻容耦合放大电路进行安装、调试、故障排除	（1）安装、调试阻容耦合放大电路 （2）排除阻容耦合放大电路故障	（2）阻容耦合放大电路的安装、调试、故障排除	1）阻容耦合放大电路工作原理 2）阻容耦合放大电路中元器件的识别与检测 3）安装、调试阻容耦合放大电路 4）排除阻容耦合放大电故障路	（1）方法：讲授法、演示法、实训（练习）法 （2）重点：安装、调试阻容耦合放大电路 （3）难点：排除阻容耦合放大电路故障	12
		4-3-3 能对单相晶闸管整流电路进行安装、调试、故障排除	（1）安装、调试单相晶闸管整流电路 （2）排除单相晶闸管整流电路故障	（3）单相晶闸管整流电路的安装、调试、故障排除	1）单相晶闸管整流电路的工作原理 2）单相晶闸管整流电路中元器件的识别与检测 3）安装、调试单相晶闸管整流电路 4）排除单相晶闸管整流电路故障	（1）方法：讲授法、演示法、实训（练习）法 （2）重点：安装、调试单相晶闸管整流电路 （3）难点：排除单相晶闸管整流电路故障	8
课堂学时合计							230

附录4 三级/高级职业技能培训要求与课程规范对照表

2.1.4 三级/高级职业技能培训要求				2.2.4 三级/高级职业技能培训课程规范			
职业功能模块（模块）	培训内容（课程）	技能目标	培训细目	学习单元	课程内容	培训建议	课堂学时
1. 继电控制电路装调维修	1-1 继电器、接触器控制电路分析、测绘	1-1-1 能对多台联动三相交流异步电动机控制方案进行分析、选择	（1）分析多台联动三相交流异步电动机控制方案 （2）选择多台联动三相交流异步电动机控制方案	（1）分析、选择多台联动三相交流异步电动机控制方案	1）电气控制方案分析方法 2）分析、选择多台联动三相交流异步电动机控制方案	（1）方法：讲授法、演示法、实训（练习）法 （2）重点与难点：多台联动三相交流异步电动机控制方案的分析、选择	6

续表

职业功能模块（模块）	2.1.4 三级/高级职业技能培训要求			2.2.4 三级/高级职业技能培训课程规范			
	培训内容（课程）	技能目标	培训细目	学习单元	课程内容	培训建议	课堂学时
1. 继电控制电路装调维修	1-1 继电器、接触器控制电路分析、测绘	1-1-2 能对T68镗床、X62W铣床或类似难度的电气控制电路接线图进行测绘、分析	（1）测绘、分析T68镗床电气控制电路（2）测绘、分析X62W铣床电气控制电路	（2）测绘、分析T68镗床、X62W铣床的电气控制电路接线图	1）电气接线图测绘步骤、分析方法	（1）方法：讲授法、演示法、实训（练习）法（2）重点：测绘、分析T68镗床、X62W铣床电气控制电路（3）难点：分析、绘制T68镗床、X62W铣床电气控制电路	12
					2）测绘、分析T68镗床电气控制电路 ①测绘T68镗床接线图 ②绘制T68镗床电气原理图 ③分析T68镗床电气控制电路		
					3）测绘、分析X62W铣床电气控制电路 ①测绘X62W铣床接线图 ②绘制X62W铣床电气原理图 ③分析X62W铣床电气控制电路		
	1-2 机床电气控制电路调试、维修	1-2-1 能根据设备技术资料对T68镗床、X62W铣床或类似难度的电路进行调试、维修	（1）调试、维修T68镗床电路（2）调试、维修X62W铣床电路	（1）调试、维修T68镗床电路	1）T68镗床的结构、运动形式及控制要求	（1）方法：讲授法、演示法、实训（练习）法（2）重点：调试、维修T68镗床电路（3）难点：维修T68镗床电路	6
					2）T68镗床电路组成、控制原理		
					3）调试T68镗床电路		
					4）维修T68镗床电路		
				（2）调试、维修X62W铣床电路	1）X62W铣床的结构、运动形式及控制要求	（1）方法：讲授法、演示法、实训（练习）法（2）重点：调试、维修X62W铣床电路（3）难点：维修X62W铣床电路	6
					2）X62W铣床电路组成、控制原理		
					3）调试X62W铣床电路		
					4）维修X62W铣床电路		

续表

2.1.4 三级/高级职业技能培训要求				2.2.4 三级/高级职业技能培训课程规范			
职业功能模块（模块）	培训内容（课程）	技能目标	培训细目	学习单元	课程内容	培训建议	课堂学时
1.继电控制电路装调维修	1-2 机床电气控制电路调试、维修	1-2-2 能根据设备技术资料对大型磨床、龙门铣床或类似难度的电路进行调试、维修	（1）调试、维修大型磨床电路	（3）调试、维修大型磨床电路	1）大型磨床的结构、运动形式及控制要求	（1）方法：讲授法、演示法、实训（练习）法（2）重点：调试、维修大型磨床电路（3）难点：维修大型磨床电路	12
					2）大型磨床电路组成、控制原理		
					3）调试大型磨床电路		
					4）维修大型磨床电路		
			（2）调试、维修龙门铣床电路	（4）调试、维修龙门铣床电路	1）龙门铣床的结构、运动形式及控制要求	（1）方法：讲授法、演示法、实训（练习）法（2）重点：调试、维修龙门铣床电路（3）难点：维修龙门铣床电路	12
					2）龙门铣床电路组成、控制原理		
					3）调试龙门铣床电路		
					4）维修龙门铣床电路		
		1-2-3 能根据设备技术资料对龙门刨床、盾构机或类似难度的电路进行调试、维修	（1）调试、维修龙门刨床电路	（5）调试、维修龙门刨床电路	1）龙门刨床的结构、运动形式及控制要求	（1）方法：讲授法、演示法、实训（练习）法（2）重点：调试、维修龙门刨床电路（3）难点：维修龙门刨床电路	12
					2）龙门刨床电路组成、控制原理		
					3）调试龙门刨床电路		
					4）维修龙门刨床电路		
			（2）调试、维修盾构机电路	（6）调试、维修盾构机电路	1）盾构机的结构、运动形式及控制要求	（1）方法：讲授法、演示法、实训（练习）法（2）重点：调试、维修盾构机电路（3）难点：维修盾构机电路	12
					2）盾构机电路组成、控制原理		
					3）调试盾构机电路		
					4）维修盾构机电路		

附录

续表

2.1.4 三级/高级职业技能培训要求				2.2.4 三级/高级职业技能培训课程规范			
职业功能模块（模块）	培训内容（课程）	技能目标	培训细目	学习单元	课程内容	培训建议	课堂学时
1.继电控制电路装调维修	1-3 临时供电、用电设备设施的安装与维护	1-3-1 能确认临时用电方案，并组织实施	（1）确认临时用电方案 （2）组织实施临时用电方案	（1）临时用电方案的确认与组织实施	1）临时供电、用电设备的型号、技术指标 2）临时用电负荷计算及电缆选择 3）编制临时用电施工方案	（1）方法：讲授法、演示法、实训（练习）法 （2）重点：临时用电方案的确认 （3）难点：编制临时用电施工方案	6
		1-3-2 能组织安装临时用电配电室、配电变压器、配电线路	（1）组织安装临时用电配电室 （2）组织安装临时用电配电变压器 （3）组织安装临时用电配电线路	（2）临时用电配电室、配电变压器、配电线路的组织安装	1）施工现场临时用电安全技术规范 2）组织安装临时用电配电室 3）组织安装临时用电配电变压器 4）组织安装临时用电配电线路 5）接地装置施工、验收规范	（1）方法：讲授法、演示法、实训（练习）法、参观法、观摩法 （2）重点与难点：组织安装临时用电配电室、配电变压器、配电线路	12
		1-3-3 能安装、维护临时用电自备发电机	（1）安装临时用电自备发电机 （2）维护临时用电自备发电机	（3）安装、维护临时用电自备发电机	1）发电机的结构与工作原理 2）安装临时用电自备发电机 3）维护临时用电自备发电机	（1）方法：讲授法、演示法、实训（练习）法、参观法、观摩法 （2）重点与难点：安装临时用电自备发电机	8
		1-3-4 能安装、维护、拆除塔吊等建筑机械的电气部分	（1）安装、维护塔吊等建筑机械的电气部分 （2）拆除塔吊等建筑机械的电气部分	（4）安装、维护、拆除塔吊电气部分	1）塔吊的结构与工作原理 2）安装塔吊的电气部分 3）拆除塔吊的电气部分 4）维护塔吊的电气部分	（1）方法：讲授法、演示法、实训（练习）法、参观法、观摩法 （2）重点与难点：安装塔吊的电气部分	6

续表

2.1.4 三级/高级职业技能培训要求				2.2.4 三级/高级职业技能培训课程规范			
职业功能模块（模块）	培训内容（课程）	技能目标	培训细目	学习单元	课程内容	培训建议	课堂学时
2.电气设备（装置）装调维修	2-1 常用电力电子装置维护	2-1-1 能识别变频器操作面板、电源输入端、电源输出端、电源控制端	（1）识别变频器操作面板（2）识别变频器电源输入端、电源输出端（3）识别变频器电源控制端	（1）识别变频器操作面板、电源输入端、电源输出端、电源控制端	1）变频器的工作原理 2）变频器使用方法 3）识别变频器操作面板 4）识别变频器电源输入端、电源输出端 5）识别变频器控制端	（1）方法：讲授法、演示法、实训（练习）法（2）重点：变频器操作面板和控制端的识别（3）难点：变频器操作面板的使用	6
		2-1-2 能根据用电设备要求，参照变频器使用手册，设置变频器参数，确认变频器故障	（1）设置变频器参数（2）确认变频器故障	（2）设置变频器参数，确认变频器故障	1）变频器参数设置 2）变频器故障类型 3）变频器故障确认	（1）方法：讲授法、演示法、实训（练习）法（2）重点：设置变频器参数（3）难点：变频器故障的确认	4
		2-1-3 能对不间断电源整流电路、逆变电路、控制电路进行检修	（1）检修不间断电源整流电路（2）检修不间断电源逆变电路（3）检修不间断电源控制电路	（3）检修不间断电源整流电路、逆变电路、控制电路	1）不间断电源的工作原理 2）不间断电源使用方法 3）不间断电源整流电路的检修 4）不间断电源逆变电路的检修 5）不间断电源控制电路的检修	（1）方法：讲授法、演示法、实训（练习）法（2）重点：不间断电源整流电路、逆变电路的检修（3）难点：不间断电源控制电路的检修	12
	2-2 非工频设备装调维修	2-2-1 能对中高频淬火设备可控整流电源进行调试	（1）分析中高频淬火设备可控整流电源工作原理（2）调试中高频淬火设备可控整流电源	（1）调试中高频淬火设备可控整流电源	1）集肤效应、涡流的电磁原理 2）中高频淬火设备的工作原理 3）中高频淬火设备操作规程 4）中高频淬火设备可控整流电源的调试	（1）方法：讲授法、演示法、实训（练习）法（2）重点与难点：中高频淬火设备可控整流电源的调试	6

附录

续表

职业功能模块（模块）	2.1.4 三级/高级职业技能培训要求			2.2.4 三级/高级职业技能培训课程规范			
	培训内容（课程）	技能目标	培训细目	学习单元	课程内容	培训建议	课堂学时
2.电气设备（装置）装调维修	2-2 非工频设备装调维修	2-2-2 能对中高频淬火设备高压电子管三点振荡电路进行调试	（1）分析中高频淬火设备高压电子管三点振荡电路 （2）调试中高频淬火设备高压电子管三点振荡电路	（2）调试中高频淬火设备高压电子管三点振荡电路	1）电子管的结构和工作原理 2）三点振荡电路的工作原理 3）中高频淬火设备调试方法 4）中高频淬火设备高压电子管三点振荡电路的调试	（1）方法：讲授法、演示法、实训（练习）法 （2）重点与难点：中高频淬火设备高压电子管三点振荡电路的调试	8
		2-2-3 能对中高频淬火设备电容耦合电路进行调试	（1）分析中高频淬火设备电容耦合电路 （2）调试中高频淬火设备电容耦合电路	（3）调试中高频淬火设备电容耦合电路	1）电容耦合电路的工作原理 2）中高频淬火设备电容耦合电路的调试	（1）方法：讲授法、演示法、实训（练习）法 （2）重点与难点：中高频淬火设备电容耦合电路的调试	4
		2-2-4 能对中高频淬火设备加热变压器耦合电路进行调试	（1）调试中高频淬火设备加热变压器耦合电路	（4）调试中高频淬火设备加热变压器耦合电路	1）中高频淬火设备变压器耦合电路的工作原理 2）调试中高频淬火设备加热变压器耦合电路	（1）方法：讲授法、演示法、实训（练习）法 （2）重点与难点：中高频淬火设备加热变压器耦合电路的调试	6
	2-3 调功器装调维修	2-3-1 能安装、调试调功器设备	（1）安装调功器设备 （2）调试调功器设备	（1）安装、调试调功器设备	1）调功器的工作原理 2）过零触发控制电路工作原理 3）安装调功器设备 4）调试调功器设备	（1）方法：讲授法、演示法、实训（练习）法 （2）重点：安装调功器设备 （3）难点：调试调功器设备	10
		2-3-2 能检测调功器主电路、控制电路输出波形	（1）检测调功器主电路输出波形 （2）检测调功器控制电路输出波形	（2）检测调功器主电路、控制电路输出波形	1）检测调功器主电路输出波形 2）检测调功器控制电路输出波形	（1）方法：讲授法、演示法、实训（练习）法 （2）重点与难点：调功器控制电路输出波形的检测	4
		2-3-3 能排除调功器内部主电路故障	（1）分析调功器内部主电路故障 （2）排除调功器内部主电路故障	（3）排除调功器内部主电路故障	1）调功器内部主电路常见故障类型 2）调功器内部主电路故障排除	（1）方法：讲授法、演示法、实训（练习）法 （2）重点与难点：调功器内部主电路故障排除	6

续表

2.1.4 三级/高级职业技能培训要求				2.2.4 三级/高级职业技能培训课程规范			
职业功能模块（模块）	培训内容（课程）	技能目标	培训细目	学习单元	课程内容	培训建议	课堂学时
3. 自动控制电路装调维修	3-1 可编程控制系统分析、编程与调试维修	3-1-1 能使用基本指令编写自动洗衣机、机械手或类似难度的可编程控制器控制程序	（1）使用基本指令编写自动洗衣机的控制程序 （2）使用基本指令编写机械手的控制程序	（1）编写自动洗衣机、机械手可编程控制器控制程序	1）梯形图编程规则 2）分析自动洗衣机的控制逻辑 3）编写自动洗衣机控制程序 4）分析机械手的控制逻辑 5）编写机械手控制程序	（1）方法：讲授法、演示法、实训（练习）法 （2）重点：自动洗衣机、机械手控制逻辑的分析 （3）难点：编写自动洗衣机、机械手控制程序	12
		3-1-2 能用可编程控制器改造C6140车床、T68镗床、X62W铣床或类似难度的继电控制电路	（1）用可编程控制器改造C6140车床继电控制电路 （2）用可编程控制器改造T68镗床继电控制电路 （3）用可编程控制器改造X62W铣床继电控制电路	（2）用可编程控制器改造常用机床的继电控制电路	1）机床电气改造基础知识 2）用可编程控制器改造C6140车床继电控制电路 3）用可编程控制器改造T68镗床继电控制电路 4）用可编程控制器改造X62W铣床继电控制电路	（1）方法：讲授法、演示法、实训（练习）法 （2）重点：用可编程控制器改造继电控制电路 （3）难点：用可编程控制器改造X62W铣床继电控制电路	18
		3-1-3 能模拟调试以基本指令为主的可编程控制器程序	（1）可编程控制器仿真软件的使用 （2）模拟调试可编程控制器程序	（3）模拟调试可编程控制器程序	1）可编程控制器模拟调试方法 2）可编程控制器仿真软件的使用 3）模拟调试以基本指令为主的可编程控制器程序	（1）方法：讲授法、演示法、实训（练习）法 （2）重点与难点：模拟调试以基本指令为主的可编程控制器程序	8

附录

续表

	2.1.4 三级/高级职业技能培训要求			2.2.4 三级/高级职业技能培训课程规范			
职业功能模块（模块）	培训内容（课程）	技能目标	培训细目	学习单元	课程内容	培训建议	课堂学时
3. 自动控制电路装调维修	3-1 可编程控制系统分析、编程与调试维修	3-1-4 能现场调试以基本指令为主的可编程控制器程序	（1）现场调试可编程控制器程序	（4）现场调试可编程控制器程序	1）现场调试的一般步骤及方法 2）现场调试以基本指令为主的可编程控制器程序	（1）方法：讲授法、演示法、实训（练习）法 （2）重点与难点：现场调试以基本指令为主的可编程控制器程序	6
		3-1-5 能根据可编程控制器面板指示灯，借助编程软件、仪器仪表分析可编程控制系统的故障范围	（1）判断可编程控制器硬件故障 （2）判断可编程控制器外围电路故障	（5）分析可编程控制系统的故障范围	1）可编程控制系统故障范围判断方法 2）可编程控制系统的故障判断	（1）方法：讲授法、演示法、实训（练习）法 （2）重点与难点：可编程控制系统故障范围的确定	6
		3-1-6 能排除可编程控制系统中开关、传感器、执行机构等外围设备电气故障	（1）排除可编程控制系统中开关、传感器的电气故障 （2）排除可编程控制系统中执行机构等外围设备电气故障	（6）排除可编程控制器外围设备电气故障	1）可编程控制器系统外围设备常见故障 2）可编程控制器系统中开关、传感器、执行机构等外围设备常见故障的排除	（1）方法：讲授法、演示法、实训（练习）法 （2）重点与难点：可编程控制器外围设备电气故障的排除	4
	3-2 单片机控制电路装调	3-2-1 能根据单片机控制电路接线图完成单片机控制系统接线	（1）识读单片机控制接线图 （2）单片机控制系统接线	（1）单片机控制系统接线	1）单片机的结构 2）单片机引脚功能 3）单片机控制系统接线	（1）方法：讲授法、演示法、实训（练习）法 （2）重点与难点：单片机控制系统接线	6
		3-2-2 能使用编程软件完成上位机与单片机之间的程序传递	（1）建立上位机与单片机之间的通信 （2）完成上位机与单片机之间的程序传递	（2）上位机与单片机之间程序的传递	1）单片机编程软件、烧录软件的基本功能 2）上位机与单片机的硬件连接与程序传递	（1）方法：讲授法、演示法、实训（练习）法 （2）重点与难点：上位机与单片机之间程序的传递	2

续表

2.1.4 三级/高级职业技能培训要求				2.2.4 三级/高级职业技能培训课程规范			
职业功能模块（模块）	培训内容（课程）	技能目标	培训细目	学习单元	课程内容	培训建议	课堂学时
3. 自动控制电路装调维修	3-2 单片机控制电路装调	3-2-3 能分析信号灯闪烁单片机控制或类似难度的单片机控制程序	(1) 分析信号灯闪烁单片机控制电路 (2) 分析信号灯闪烁单片机控制程序	(3) 分析简单单片机控制程序	1) 单片机编程语言基础 2) 单片机基本指令的使用方法 3) 信号灯闪烁依次点亮控制程序分析 4) 信号灯闪烁间隔闪烁控制程序分析	(1) 方法：讲授法、演示法、实训（练习）法 (2) 重点与难点：分析信号灯闪烁单片机控制程序	6
	3-3 消防电气系统装调维修	3-3-1 能检修消防泵的启动、停止电路	(1) 检修消防泵的启动电路 (2) 检修消防泵的停止电路	(1) 检修消防泵的启动、停止电路	1) 消防电气系统安装、运行规范 2) 消防泵的启动电路工作原理 3) 消防泵的停止电路工作原理 4) 检修消防泵的启动、停止电路	(1) 方法：讲授法、演示法、实训（练习）法 (2) 重点与难点：消防泵启动、停止电路的检修	4
		3-3-2 能检修消防系统用传感器	(1) 识别消防系统用传感器 (2) 检修消防系统用传感器	(2) 检修消防系统用传感器	1) 消防系统用传感器的种类、选用方法 2) 消防系统用传感器的检修	(1) 方法：讲授法、演示法、实训（练习）法 (2) 重点与难点：消防系统用传感器的检修	4
		3-3-3 能检修消防联动系统	(1) 分析消防联动系统 (2) 检修消防联动系统	(3) 检修消防联动系统	1) 消防联动系统的组成、工作原理 2) 消防联动系统的检修	(1) 方法：讲授法、演示法、实训（练习）法 (2) 重点与难点：消防联动系统的检修	4
		3-3-4 能检修消防主机控制系统	(1) 分析消防主机控制系统 (2) 检修消防主机控制系统	(4) 检修消防主机控制系统	1) 消防主机控制系统的组成、工作原理 2) 消防主机控制系统的检修	(1) 方法：讲授法、演示法、实训（练习）法 (2) 重点与难点：消防主机控制系统的检修	4
		3-3-5 能设置消防系统人机界面	(1) 设置消防系统人机界面	(5) 设置消防系统人机界面	1) 人机界面的设置方法 2) 消防系统人机界面的设置	(1) 方法：讲授法、演示法、实训（练习）法 (2) 重点与难点：消防系统人机界面的设置	2

附录

续表

2.1.4 三级/高级职业技能培训要求				2.2.4 三级/高级职业技能培训课程规范			
职业功能模块（模块）	培训内容（课程）	技能目标	培训细目	学习单元	课程内容	培训建议	课堂学时
3.自动控制电路装调维修	3-4 冷水机组电控设备维修	3-4-1 能检修冷水机组的启动、停止电路	（1）检修冷水机组的启动电路（2）检修冷水机组的停止电路	（1）检修冷水机组的启动、停止电路	1）冷水机组的操作规范 2）冷水机组的启动电路工作原理 3）冷水机组的停止电路工作原理 4）冷水机组的启动、停止电路的检修	（1）方法：讲授法、演示法、实训（练习）法（2）重点与难点：冷水机组的启动、停止电路的检修	4
		3-4-2 能检修冷水机组的流量控制电路	（1）分析冷水机组的流量控制电路（2）检修冷水机组的流量控制电路	（2）检修冷水机组的流量控制电路	1）流量传感器及选用方法 2）流量控制电路的工作原理 3）冷水机组的流量控制电路检修	（1）方法：讲授法、演示法、实训（练习）法（2）重点与难点：冷水机组的流量控制电路检修	4
		3-4-3 能检修冷水机组的温度控制电路	（1）分析冷水机组的温度控制电路（2）检修冷水机组的温度控制电路	（3）检修冷水机组的温度控制电路	1）温度传感器及选用方法 2）温度控制电路的工作原理 3）冷水机组的温度控制电路检修	（1）方法：讲授法、演示法、实训（练习）法（2）重点与难点：冷水机组的温度控制电路的检修	4
		3-4-4 能检修冷水机组的制冷量控制电路	（1）分析冷水机组的制冷量控制电路（2）检修冷水机组的制冷量控制电路	（4）检修冷水机组的制冷量控制电路	1）制冷量控制电路的工作原理 2）冷水机组的制冷量控制电路检修	（1）方法：讲授法、演示法、实训（练习）法（2）重点与难点：冷水机组的制冷量控制电路的检修	4

续表

2.1.4 三级/高级职业技能培训要求				2.2.4 三级/高级职业技能培训课程规范			
职业功能模块（模块）	培训内容（课程）	技能目标	培训细目	学习单元	课程内容	培训建议	课堂学时
4. 应用电子电路调试维修	4-1 电子电路分析测绘	4-1-1 能对由集成运算放大器组成的应用电路进行测绘	（1）分析集成运算放大电路工作原理 （2）测绘集成运算放大电路	（1）测绘集成运算放大电路	1）集成运算放大电路的结构、工作原理 2）电子电路测绘方法 3）集成运算放大器组成的应用电路的测绘	（1）方法：讲授法、演示法、实训（练习）法 （2）重点与难点：集成运算放大器组成的应用电路的测绘	8
		4-1-2 能分析由分立元件、集成运算放大器组成的应用电子电路的功能、用途	（1）分析分立元件运算放大器电路的功能、用途 （2）分析集成运算放大器电路的功能、用途	（2）分析由分立元件、集成运算放大器组成的应用电子电路	1）集成运算放大器的线性应用技术 2）集成运算放大器的非线性应用技术 3）分析分立元件、集成运算放大器组成的应用电子电路功能、用途	（1）方法：讲授法、演示法、实训（练习）法 （2）重点与难点：分析分立元件、集成运算放大器组成的应用电子电路功能、用途	4
	4-2 电子电路调试维修	4-2-1 能对编码器、译码器等组合逻辑电路进行调试维修	（1）调试维修编码器组合逻辑电路 （2）调试维修译码器组合逻辑电路	（1）调试维修组合逻辑电路	1）数字电路基础知识 2）编码器、译码器等组合逻辑电路基础知识 3）编码器、译码器等组合逻辑电路工作原理 4）调试维修编码器组合逻辑电路 5）调试维修译码器组合逻辑电路	（1）方法：讲授法、演示法、实训（练习）法 （2）重点与难点：调试维修组合逻辑电路	12
		4-2-2 能对寄存器、计数器等时序逻辑电路进行调试维修	（1）调试维修寄存器时序逻辑电路 （2）调试维修计数器时序逻辑电路	（2）调试维修时序逻辑电路	1）寄存器、计数器等时序逻辑电路基础知识 2）调试维修寄存器时序逻辑电路 3）调试维修计数器时序逻辑电路	（1）方法：讲授法、演示法、实训（练习）法 （2）重点与难点：调试维修时序逻辑电路	6

续表

2.1.4 三级/高级职业技能培训要求				2.2.4 三级/高级职业技能培训课程规范			
职业功能模块（模块）	培训内容（课程）	技能目标	培训细目	学习单元	课程内容	培训建议	课堂学时
4.应用电子电路调试维修	4-2 电子电路调试维修	4-2-3 能分析由555集成电路组成的定时器等常用电子电路的功能、用途	（1）分析由555集成电路组成的定时器电路的功能（2）分析由555集成电路组成的定时器电路的用途	（3）分析定时器电路的功能、用途	1）555集成电路基础知识	（1）方法：讲授法、演示法、实训（练习）法（2）重点与难点：分析555集成电路的功能、用途	6
					2）分析由555集成电路组成的定时器电路功能和用途		
		4-2-4 能对小型开关稳压电路进行调试维修	（1）分析小型开关稳压电路工作原理（2）调试维修小型开关稳压电路	（4）调试维修小型开关稳压电路	1）小型开关稳压电路的工作原理	（1）方法：讲授法、演示法、实训（练习）法（2）重点与难点：小型开关稳压电路的调试维修	6
					2）小型开关稳压电路的调试维修		
	4-3 电力电子电路分析测绘	4-3-1 能对晶闸管触发电路进行测绘	（1）测绘晶闸管触发电路（2）分析晶闸管触发电路工作原理	（1）测绘晶闸管触发电路	1）晶闸管触发电路的工作原理	（1）方法：讲授法、演示法、实训（练习）法（2）重点与难点：晶闸管触发电路的测绘	8
					2）单相半波可控整流电路工作原理		
					3）单相半控桥式整流电路工作原理		
					4）单相全控桥式整流电路工作原理		
					5）晶闸管触发电路的测绘		
		4-3-2 能对相控整流主电路、触发电路工作波形进行测绘	（1）测绘相控整流主电路工作波形（2）测绘相控整流触发电路工作波形	（2）测绘相控整流主电路、触发电路工作波形	1）可控整流电路计算方法	（1）方法：讲授法、演示法、实训（练习）法（2）重点与难点：相控整流主电路、触发电路工作波形的测绘	6
					2）测绘相控整流主电路、触发电路工作波形		
					3）测绘相控整流触发电路工作波形		

续表

2.1.4 三级/高级职业技能培训要求				2.2.4 三级/高级职业技能培训课程规范			
职业功能模块（模块）	培训内容（课程）	技能目标	培训细目	学习单元	课程内容	培训建议	课堂学时
4.应用电子电路调试维修	4-4 电力电子电路调试维修	4-4-1 能利用示波器对相控整流主电路、触发电路进行波形测量和调试	（1）测量和调试相控整流主电路波形 （2）测量和调试相控整流触发电路波形	（1）测量和调试相控整流主电路、触发电路波形	1）单相可控整流电路调试方法 2）单相可控整流电路波形分析方法 3）单相可控整流主电路波形测量和调试 4）单相可控整流触发电路波形测量和调试	（1）方法：讲授法、演示法、实训（练习）法 （2）重点与难点：单相可控整流主电路、触发电路波形测量和调试	4
		4-4-2 能对相控整流主电路、触发电路进行维修	（1）维修相控整流主电路 （2）维修相控整流触发电路	（2）维修相控整流主电路、触发电路	1）维修单相可控整流主电路 2）维修单相可控整流触发电路	（1）方法：讲授法、演示法、实训（练习）法 （2）重点与难点：相控整流电路主电路、触发电路的维修	8
5.交直流传动系统装调维修	5-1 交直流传动系统安装	5-1-1 能识读分析交直流传动系统图	（1）识读交直流传动系统图 （2）分析交直流传动系统图	（1）识读、分析交直流传动系统图	1）交流传动系统的组成及工作原理 2）识读、分析交流传动系统图 3）直流传动系统的组成及工作原理 4）识读、分析直流传动系统图	（1）方法：讲授法、演示法、实训（练习）法 （2）重点：交直流传动系统图的分析 （3）难点：直流传动系统的分析	8
		5-1-2 能对交直流传动系统的设备、器件进行检查确认	（1）检查交直流传动系统设备 （2）检查交直流传动系统器件	（2）检查交直流传动系统设备、器件	1）交直流传动系统各器件的识别 2）交流传动系统设备、器件的检查 3）直流传动系统设备、器件的检查	（1）方法：讲授法、演示法、实训（练习）法 （2）重点与难点：交直流传动系统设备、器件的检查	8
		5-1-3 能对交直流传动系统设备进行安装	（1）安装交流传动系统设备 （2）安装直流传动系统设备	（3）安装交直流传动系统设备	1）交直流传动系统的安装工艺要求 2）交流传动系统的安装 3）直流传动系统的安装	（1）方法：讲授法、演示法、实训（练习）法 （2）重点与难点：交直流传动系统的安装	6

附录

续表

2.1.4 三级/高级职业技能培训要求				2.2.4 三级/高级职业技能培训课程规范			
职业功能模块（模块）	培训内容（课程）	技能目标	培训细目	学习单元	课程内容	培训建议	课堂学时
5. 交直流传动系统装调维修	5-2 交直流传动系统调试	5-2-1 能分析交直流传动系统中各单元电路工作原理	（1）分析交流调速系统（2）分析直流调速系统	（1）调试串级调速电路	1）分析串级调速电路	（1）方法：讲授法、演示法、实训（练习）法（2）重点与难点：分析、调试串级调速电路	4
					2）调试串级调速电路		
				（2）调试电磁转差离合器调速电路	1）分析电磁转差离合器调速电路	（1）方法：讲授法、演示法、实训（练习）法（2）重点与难点：分析、调试电磁转差离合器调速电路	4
					2）调试电磁转差离合器调速电路		
		5-2-2 能对交直流调速电路进行调试	（1）调试串级调速电路（2）调试电磁转差离合器调速电路（3）调试变频调速电路	（3）调试变频调速电路	1）分析变频调速电路	（1）方法：讲授法、演示法、实训（练习）法（2）重点与难点：分析、调试变频调速电路	4
					2）调试变频调速电路		
	5-3 交直流传动系统维修	5-3-1 能分析判断交直流传动系统的故障原因	（1）分析判断交流传动系统的故障原因（2）分析判断直流传动系统的故障原因	（1）分析判断交直流传动系统的故障原因	1）交流传动系统的常见故障与原因分析	（1）方法：讲授法、演示法、实训（练习）法（2）重点：交流传动系统的常见故障原因分析（3）难点：直流传动系统的常见故障原因分析	6
					2）直流传动系统的常见故障与原因分析		
		5-3-2 能对交直流传动装置及外围电路故障进行分析、排除	（1）分析交直流传动装置及外围电路故障（2）排除交直流传动装置及外围电路故障	（2）分析、排除交直流传动装置及外围电路故障	1）交直流传动装置及外围电路故障的分析	（1）方法：讲授法、演示法、实训（练习）法（2）重点与难点：交直流传动装置及外围电路故障排除	4
					2）交直流传动装置及外围电路故障的排除		
课堂学时合计							390

附录5　二级/技师职业技能培训要求与课程规范对照表

2.1.5　二级/技师职业技能培训要求				2.2.5　二级/技师职业技能培训课程规范			
职业功能模块（模块）	培训内容（课程）	技能目标	培训细目	学习单元	课程内容	培训建议	课堂学时
1.电气设备（装置）装调维修	1-1 数控机床电气控制装置装调维修	1-1-1 能对编码器、光栅尺进行调整	（1）调整编码器 （2）调整光栅尺	（1）调整编码器、光栅尺	1）编码器的工作原理及其调整 2）光栅尺的工作原理及其调整	（1）方法：讲授法、演示法、实训（练习）法 （2）重点与难点：编码器、光栅尺的调整	2
		1-1-2 能对数控机床电气线路进行装调维修	（1）安装数控机床电气线路 （2）调试维修数控机床电气线路	（2）数控机床电气线路的装调维修	1）数控机床电气控制原理 2）数控机床基本操作 3）安装数控机床电气线路 4）调试数控机床电气线路 5）维修数控机床电气线路	（1）方法：讲授法、演示法、实训（练习）法 （2）重点：安装、调试数控机床电气线路 （3）难点：维修数控机床电气线路	20
	1-2 工业机器人调试	1-2-1 能对工业机器人外围线路进行连接、调试	（1）连接工业机器人外围线路 （2）调试工业机器人外围线路	（1）连接、调试工业机器人外围线路	1）工业机器人工作原理 2）连接、调试工业机器人外围线路	（1）方法：讲授法、演示法、实训（练习）法 （2）重点与难点：连接、调试工业机器人外围线路	6
		1-2-2 能对工业机器人进行示教编程	（1）示教器的使用 （2）对工业机器人进行示教编程	（2）工业机器人示教编程	1）示教器的使用方法 2）工业机器人基本指令使用 3）工业机器人示教编程	（1）方法：讲授法、演示法、实训（练习）法 （2）重点与难点：工业机器人示教编程	12
		1-2-3 能对工业机器人进行保养	（1）工业机器人保养	（3）工业机器人的保养	1）工业机器人的保养方法 2）工业机器人的保养	（1）方法：讲授法、演示法、实训（练习）法 （2）重点与难点：对工业机器人进行保养	2

附录

续表

2.1.5 二级/技师职业技能培训要求				2.2.5 二级/技师职业技能培训课程规范			
职业功能模块（模块）	培训内容（课程）	技能目标	培训细目	学习单元	课程内容	培训建议	课堂学时
1.电气设备（装置）装调维修	1-3 单片机控制的电气装置装调维修	1-3-1 能编写、调试电动机启停控制或类似难度的单片机程序	（1）编写、调试控制电动机启停的单片机程序 （2）编写、调试控制电动机正反转的单片机程序	（1）编写、调试电动机启停控制的单片机程序	1）单片机控制系统开发流程 2）单片机应用程序编译、仿真调试、烧录的方法 3）编写、调试控制电动机启停的单片机程序 4）编写、调试控制电动机正反转的单片机程序	（1）方法：讲授法、演示法、实训（练习）法 （2）重点：单片机控制电动机正反转程序的编写 （3）难点：单片机控制电动机正反转程序的调试	6
		1-3-2 能调试以基本指令为主的单片机程序	（1）分析单片机程序 （2）调试以基本指令为主的单片机程序	（2）调试以基本指令为主的单片机程序	1）流水灯系统单片机程序的调试 2）步进电动机控制单片机程序的调试	（1）方法：讲授法、演示法、实训（练习）法 （2）重点与难点：调试流水灯系统单片机程序	6
		1-3-3 能使用编程软件、仪器仪表划定单片机控制的电气装置的故障范围	（1）使用编程软件划定单片机控制的电气装置的故障范围 （2）使用仪器仪表划定单片机控制的电气装置的故障范围	（3）判断单片机控制的电气装置故障范围并排除电气故障	1）单片机控制系统故障检测、判断方法 2）利用编程软件、仪器仪表划定故障范围	（1）方法：讲授法、演示法、实训（练习）法 （2）重点：利用编程软件、仪器仪表划定故障范围 （3）难点：排除单片机控制的电气装置电气故障	4
		1-3-4 能排除单片机控制的电气装置电气故障	（1）排除单片机控制的电气装置电气故障		3）排除单片机控制的电气装置电气故障		
2.自动控制电路装调维修	2-1 可编程控制系统编程与维护	2-1-1 能对模拟量输入输出模块进行程序分析、程序编制	（1）分析模拟量输入输出模块程序 （2）编制模拟量输入输出模块控制程序	（1）分析、编制模拟量输入输出模块程序	1）可编程控制器特殊功能模块的分类及作用 2）模拟量输入输出模块技术参数 3）模拟量输入输出模块参数设置 4）分析、编制模拟量输入输出模块的控制程序	（1）方法：讲授法、演示法、实训（练习）法 （2）重点：模拟量输入输出模块参数设置 （3）难点：编制模拟量模块控制程序	6

续表

2.1.5 二级/技师职业技能培训要求				2.2.5 二级/技师职业技能培训课程规范			
职业功能模块（模块）	培训内容（课程）	技能目标	培训细目	学习单元	课程内容	培训建议	课堂学时
2. 自动控制电路装调维修	2-1 可编程控制系统编程与维护	2-1-2 能选用和连接触摸屏	（1）选用触摸屏 （2）连接触摸屏	（2）选用、连接触摸屏	1）选用触摸屏 2）可编程控制器与触摸屏的连接	（1）方法：讲授法、演示法、实训（练习）法 （2）重点与难点：可编程控制器与触摸屏的连接	2
		2-1-3 能设置触摸屏与可编程控制器之间的通信参数	（1）设置触摸屏的通信参数 （2）设置可编程控制器的通信参数	（3）设置触摸屏与可编程控制器之间的通信参数	1）可编程控制器与触摸屏之间的通信规约 2）触摸屏组态软件的使用 3）可编程控制器通信参数的设置 4）触摸屏通信参数的设置	（1）方法：讲授法、演示法、实训（练习）法 （2）重点与难点：通信参数的设置	2
		2-1-4 能编辑和修改触摸屏组态画面	（1）编辑触摸屏组态画面 （2）修改触摸屏组态画面	（4）编辑、修改触摸屏组态画面	1）触摸屏组态中各元件的功能 2）触摸屏组态画面的编辑与修改	（1）方法：讲授法、演示法、实训（练习）法 （2）重点与难点：触摸屏组态画面的编辑与修改	4
		2-1-5 能判断、排除可编程控制器功能模块故障	（1）判断可编程控制器功能模块故障 （2）排除可编程控制器功能模块故障	（5）判断、排除可编程控制器功能模块故障	1）可编程控制器功能模块常见故障 2）判断并排除可编程控制器功能模块常见故障	（1）方法：讲授法、演示法、实训（练习）法 （2）重点与难点：可编程控制器功能模块常见故障的判断、排除	6
	2-2 风力发电系统电气设备维护	2-2-1 能对风力发电变桨系统进行维护	（1）分析风力发电变桨系统的组成及工作原理 （2）维护风力发电变桨系统	（1）维护风力发电变桨系统	1）风力发电基础知识 2）风力发电变桨系统的组成及工作原理 3）风力发电变桨系统的维护	（1）方法：讲授法、演示法、实训（练习）法 （2）重点与难点：风力发电变桨系统的维护	6
		2-2-2 能对风力发电解缆系统进行维护	（1）分析风力发电解缆系统的组成及工作原理 （2）维护风力发电解缆系统	（2）维护风力发电解缆系统	1）风力发电解缆系统的组成及工作原理 2）风力发电解缆系统的维护	（1）方法：讲授法、演示法、实训（练习）法 （2）重点与难点：风力发电解缆系统的维护	4

附录

续表

2.1.5 二级/技师职业技能培训要求				2.2.5 二级/技师职业技能培训课程规范			
职业功能模块（模块）	培训内容（课程）	技能目标	培训细目	学习单元	课程内容	培训建议	课堂学时
2. 自动控制电路装调维修	2-3 光伏发电系统电气设备维护	2-3-1 能对太阳能电池应用电路进行维护	（1）分析太阳能电池应用电路的组成及工作原理 （2）维护太阳能电池应用电路	（1）维护太阳能电池应用电路	1）光伏发电基础知识 2）太阳能电池应用电路的组成及工作原理 3）太阳能电池应用电路的维护	（1）方法：讲授法、演示法、实训（练习）法 （2）重点与难点：太阳能电池应用电路的维护	4
		2-3-2 能对光伏发电系统电路进行维护	（1）分析光伏发电系统电路的组成及工作原理 （2）维护光伏发电系统电路	（2）维护光伏发电系统电路	1）光伏发电系统电路的组成及工作原理 2）光伏发电系统电路的维护	（1）方法：讲授法、演示法、实训（练习）法 （2）重点与难点：光伏发电系统电路的维护	4
	2-4 双闭环直流调速系统装调维修	2-4-1 能对双闭环直流调速系统组成设备、器件进行检查确认	（1）检查双闭环直流调速系统组成设备 （2）检查双闭环直流调速系统组成器件	（1）检查双闭环直流调速系统组成设备、器件	1）双闭环直流调速系统的组成 2）双闭环直流调速系统组成设备的检查 3）双闭环直流调速系统组成器件	（1）方法：讲授法、演示法、实训（练习）法 （2）重点与难点：双闭环直流调速系统组成设备、器件的检查	2
		2-4-2 能对速度环、电流环进行调试	（1）速度环的调试 （2）电流环的调试	（2）调试速度环、电流环	1）双闭环直流调速系统工作原理 2）电流环的调试 3）速度环的调试	（1）方法：讲授法、演示法、实训（练习）法 （2）重点与难点：速度环、电流环的调试	4
		2-4-3 能分析判断双闭环直流调速系统故障原因	（1）分析双闭环直流调速系统故障原因 （2）判断双闭环直流调速系统故障范围	（3）分析、判断双闭环直流调速系统故障原因	1）双闭环直流调速系统的常见故障 2）分析双闭环直流调速系统故障原因 3）判断双闭环直流调速系统故障范围	（1）方法：讲授法、演示法、实训（练习）法 （2）重点与难点：分析、判断双闭环直流调速系统故障原因	2
		2-4-4 能排除双闭环直流调速装置及外围电路故障	（1）排除双闭环直流调速装置故障 （2）排除双闭环直流调速装置外围电路故障	（4）排除双闭环直流调速装置及外围电路故障	1）排除双闭环直流调速装置故障 2）排除双闭环直流调速装置外围电路故障	（1）方法：讲授法、演示法、实训（练习）法 （2）重点与难点：双闭环直流调速装置故障排除	4

续表

2.1.5 二级/技师职业技能培训要求				2.2.5 二级/技师职业技能培训课程规范			
职业功能模块（模块）	培训内容（课程）	技能目标	培训细目	学习单元	课程内容	培训建议	课堂学时
2.自动控制电路装调维修	2-5 变频恒压供水系统装调维修	2-5-1 能对变频恒压供水系统组成设备、器件进行检查确认	（1）变频恒压供水系统组成设备的检查 （2）变频恒压供水系统组成器件的检查	（1）检查变频恒压供水系统组成设备、器件	1）变频恒压供水系统的组成及工作原理 2）变频恒压供水系统设备、器件的检查	（1）方法：讲授法、演示法、实训（练习）法 （2）重点与难点：变频恒压供水系统设备、器件的检查	2
		2-5-2 能对变频恒压供水系统设备进行安装	（1）安装变频恒压供水系统主电路 （2）安装变频恒压供水系统控制电路	（2）安装变频恒压供水系统设备	1）压力变送器的使用方法 2）变频恒压供水系统主电路的安装 3）变频恒压供水系统控制电路的安装	（1）方法：讲授法、演示法、实训（练习）法 （2）重点与难点：变频恒压供水系统控制电路的安装	6
		2-5-3 能对变频恒压供水系统电路进行调试	（1）分析变频恒压供水系统电路的工作原理 （2）调试变频恒压供水系统电路	（3）调试变频恒压供水系统电路	1）变频器参数的调整 2）变频恒压供水系统电路的调试	（1）方法：讲授法、演示法、实训（练习）法 （2）重点：变频器参数的调整 （3）难点：压力变送器的调试	4
		2-5-4 能对变频恒压供水系统电路进行故障排除	（1）分析变频恒压供水系统电路故障原因 （2）排除变频恒压供水系统电路故障	（4）排除变频恒压供水系统电路的故障	1）变频恒压供水系统的常见故障 2）压力振荡故障的排除 3）变频恒压供水系统主电路故障排除 4）变频恒压供水系统控制电路故障排除 5）变频恒压供水系统抗干扰的处理	（1）方法：讲授法、演示法、实训（练习）法 （2）重点与难点：变频恒压供水系统电路的故障排除	4

附录

续表

2.1.5 二级/技师职业技能培训要求				2.2.5 二级/技师职业技能培训课程规范			
职业功能模块（模块）	培训内容（课程）	技能目标	培训细目	学习单元	课程内容	培训建议	课堂学时
2. 自动控制电路装调维修	2-5 变频恒压供水系统装调维修	2-5-5 能对PID调节器进行安装接线	（1）分析PID调节器的工作原理 （2）安装PID调节器	（5）安装、调试PID调节器	1）PID调节器的工作原理	（1）方法：讲授法、演示法、实训（练习）法 （2）重点与难点：PID调节器的调试	8
		2-5-6 能根据控制特性要求设置、调整PID调节器参数	（1）设置PID调节器参数 （2）根据控制特性要求，调整PID调节器参数		2）PID调节器的连接		
					3）PID调节器参数的设置与调整		
		2-5-7 能对PID调节器进行自整定调试	（1）PID调节器的自整定调试		4）PID调节器的自整定调试		
3. 应用电子电路调试维修	3-1 电子电路分析测绘	3-1-1 能对由组合逻辑电路组成的电子应用电路进行分析测绘	（1）分析由组合逻辑电路组成的电子应用电路 （2）测绘由组合逻辑电路组成的电子应用电路	（1）分析测绘组合逻辑电路	1）分析由组合逻辑电路组成的电子应用电路的工作原理	（1）方法：讲授法、演示法、实训（练习）法 （2）重点与难点：测绘由组合逻辑电路组成的电子应用电路	4
					2）测绘由组合逻辑电路组成的电子应用电路		
		3-1-2 能对由时序逻辑电路组成的电子应用电路进行分析测绘	（1）分析由时序逻辑电路组成的电子应用电路 （2）测绘由时序逻辑电路组成的电子应用电路	（2）分析测绘时序逻辑电路	1）分析由时序逻辑电路组成的电子应用电路的工作原理	（1）方法：讲授法、演示法、实训（练习）法 （2）重点与难点：测绘由时序逻辑电路组成的电子应用电路	4
					2）测绘由时序逻辑电路组成的电子应用电路		
	3-2 电子电路调试维修	3-2-1 能对A/D、D/A应用电路进行调试	（1）调试A/D应用电路 （2）调试D/A应用电路	（1）调试A/D、D/A应用电路	1）A/D、D/A转换器工作原理	（1）方法：讲授法、演示法、实训（练习）法 （2）重点与难点：调试A/D、D/A应用电路	4
					2）A/D应用电路的调试		
					3）D/A应用电路的调试		

续表

2.1.5 二级/技师职业技能培训要求				2.2.5 二级/技师职业技能培训课程规范			
职业功能模块（模块）	培训内容（课程）	技能目标	培训细目	学习单元	课程内容	培训建议	课堂学时
3.应用电子电路调试维修	3-2 电子电路调试维修	3-2-2 能对寄存器型N进制计数器应用电路进行调试	（1）分析寄存器型N进制计数器应用电路工作原理 （2）调试寄存器型N进制计数器应用电路	（2）调试寄存器型N进制计数器应用电路	1）寄存器型N进制计数器工作原理 2）集成触发电路工作原理 3）寄存器型N进制计数器应用电路的调试	（1）方法：讲授法、演示法、实训（练习）法 （2）重点与难点：寄存器型N进制计数器应用电路的调试	4
^	^	3-2-3 能对中小规模集成电路的外围电路进行维修	（1）分析中小规模集成电路的外围电路故障原因 （2）维修中小规模集成电路的外围电路	（3）维修中小规模集成电路的外围电路	1）中小规模集成电路的外围电路常见故障 2）维修中小规模集成电路的外围电路	（1）方法：讲授法、演示法、实训（练习）法 （2）重点与难点：排除中小规模集成电路的外围电路故障	4
^	3-3 电力电子电路分析测绘	3-3-1 能测绘三相整流变压器△/Y—11或Y/Y—12联结组别	（1）测绘三相整流变压器△/Y—11联结组别 （2）测绘三相整流变压器Y/Y—12联结组别	（1）测绘三相整流变压器联结组别	1）三相变压器联结组别国家标准 2）测绘三相整流变压器△/Y—11联结组别 3）测绘三相整流变压器Y/Y—12联结组别	（1）方法：讲授法、演示法、实训（练习）法 （2）重点与难点：三相整流变压器联结组别的测绘	4
^	^	3-3-2 能测绘晶闸管触发电路、主电路波形	（1）测绘晶闸管触发电路波形 （2）测绘晶闸管主电路波形	（2）测绘晶闸管触发电路、主电路波形	1）晶闸管电路同步（定相）方法 2）测绘晶闸管触发电路波形 3）测绘晶闸管主电路波形	（1）方法：讲授法、演示法、实训（练习）法 （2）重点与难点：晶闸管触发电路、主电路波形的测绘	4
^	^	3-3-3 能测绘直流斩波器电路波形	（1）测绘直流斩波器电路波形 （2）分析直流斩波器电路波形	（3）测绘直流斩波器电路波形	1）直流斩波器电路工作原理 2）直流斩波器电路波形的测绘	（1）方法：讲授法、演示法、实训（练习）法 （2）重点与难点：直流斩波器电路波形的测绘	4

续表

2.1.5 二级/技师职业技能培训要求				2.2.5 二级/技师职业技能培训课程规范			
职业功能模块（模块）	培训内容（课程）	技能目标	培训细目	学习单元	课程内容	培训建议	课堂学时
3. 应用电子电路调试维修	3-4 电力电子电路调试维修	3-4-1 能根据三相整流变压器△/Y—11或Y/Y—12联结组别号进行接线	（1）根据三相整流变压器△/Y—11联结组别号进行接线 （2）根据三相整流变压器Y/Y—12联结组别号进行接线	（1）根据三相整流变压器联结组别号进行接线	1）联结组别号接线的注意事项 2）根据三相整流变压器△/Y—11联结组别号进行接线 3）根据三相整流变压器Y/Y—12联结组别号进行接线	（1）方法：讲授法、演示法、实训（练习）法 （2）重点与难点：根据三相整流变压器联结组别号接线	2
		3-4-2 能分析、排除三相可控整流电路故障	（1）分析三相可控整流电路故障 （2）排除三相可控整流电路故障	（2）分析、排除三相可控整流电路故障	1）三相可控整流电路的常见故障 2）三相可控整流电路故障的分析、排除	（1）方法：讲授法、演示法、实训（练习）法 （2）重点与难点：三相可控整流电路故障的分析、排除	4
		3-4-3 能根据需要对直流斩波器输出波形进行调整	（1）分析直流斩波器工作原理 （2）调整直流斩波器输出波形	（3）调整直流斩波器输出波形	1）直流斩波器工作原理 2）直流斩波器输出波形的调整	（1）方法：讲授法、演示法、实训（练习）法 （2）重点与难点：直流斩波器输出波形的调整	2
4. 交直流传动及伺服系统调试维修	4-1 交直流传动系统调试维修	4-1-1 能分析造纸机交直流调速系统或类似难度的电气控制系统原理图	（1）分析造纸机交直流调速系统电气原理图	（1）分析造纸机交直流调速系统原理图	1）反馈原理与分类 2）造纸机交直流调速系统原理图的分析	（1）方法：讲授法、演示法、实训（练习）法 （2）重点：造纸机交直流调速系统电气控制系统原理图分析 （3）难点：闭环调节环节分析	6
		4-1-2 能对造纸机交直流调速系统或类似难度的电气传动系统进行调试、维修	（1）调试造纸机交直流调速系统 （2）维修造纸机交直流调速系统	（2）调试、维修造纸机交直流调速系统	1）交直流调速系统调试方法 2）交直流调速系统常见故障 3）造纸机交直流调速系统的调试、维修	（1）方法：讲授法、演示法、实训（练习）法 （2）重点：造纸机交直流调速系统的调试 （3）难点：造纸机交直流调速系统的维修	12

续表

2.1.5 二级/技师职业技能培训要求					2.2.5 二级/技师职业技能培训课程规范			
职业功能模块（模块）	培训内容（课程）	技能目标	培训细目	学习单元	课程内容	培训建议	课堂学时
4. 交直流传动及伺服系统调试维修	4-2 伺服系统调试维修	4-2-1 能对步进电动机驱动装置进行安装、调试	（1）安装步进电动机驱动装置 （2）调试步进电动机驱动装置	（1）安装、调试步进电动机驱动装置	1）步进电动机驱动装置调试方法 2）安装步进电动机驱动装置 3）调试步进电动机驱动装置	（1）方法：讲授法、演示法、实训（练习）法 （2）重点与难点：安装、调试步进电动机驱动装置	4
		4-2-2 能分析、排除步进电动机驱动器主电路故障	（1）分析步进电动机驱动器主电路故障 （2）排除步进电动机驱动器主电路故障	（2）分析排除步进电动机驱动器主电路故障	1）步进电动机驱动器常见故障 2）步进电动机驱动器主电路故障的分析、排除	（1）方法：讲授法、演示法、实训（练习）法 （2）重点与难点：步进电动机驱动器主电路故障的分析、排除	2
		4-2-3 能分析交直流伺服系统电气控制原理图	（1）分析交直流伺服系统电气控制原理图	（3）分析交直流伺服系统电气控制原理图	1）交直流伺服系统工作原理 2）交直流伺服系统电气控制原理图的分析	（1）方法：讲授法、演示法、实训（练习）法 （2）重点与难点：交直流伺服系统电气控制原理图的分析	4
		4-2-4 能对交直流伺服系统进行调试、维修	（1）调试交直流伺服系统 （2）维修交直流伺服系统	（4）调试、维修交直流伺服系统	1）交直流伺服系统调试方法 2）交直流伺服系统常见故障 3）调试交直流伺服系统 4）维修交直流伺服系统	（1）方法：讲授法、演示法、实训（练习）法 （2）重点：调试交直流伺服系统 （3）难点：维修交直流伺服系统	6

续表

2.1.5 二级/技师职业技能培训要求				2.2.5 二级/技师职业技能培训课程规范			
职业功能模块（模块）	培训内容（课程）	技能目标	培训细目	学习单元	课程内容	培训建议	课堂学时
5. 培训与技术管理	5-1 培训指导	5-1-1 能编写培训教案	（1）编写培训教案	（1）编写培训教案	1）培训教案编制方法	（1）方法：讲授法、演示法、实训（练习）法 （2）重点与难点：培训教案的编写	2
^	^	^	^	^	2）培训教案编写实例	^	^
^	^	5-1-2 能对本职业三级/高级工及以下人员进行理论培训	（1）对本职业三级/高级工及以下人员进行理论培训	（2）理论培训	1）理论培训教学方法	（1）方法：讲授法、演示法、实训（练习）法 （2）重点与难点：实施理论培训	2
^	^	^	^	^	2）实施理论培训	^	^
^	^	5-1-3 能对本职业三级/高级工及以下人员进行操作技能指导	（1）对本职业三级/高级工及以下人员进行操作培训	（3）技能指导	1）操作技能指导方法	（1）方法：讲授法、演示法、实训（练习）法 （2）重点与难点：实施操作技能指导	2
^	^	^	^	^	2）实施操作技能指导	^	^
^	5-2 技术管理	5-2-1 能进行电气设备检修管理	（1）实施电气设备检修管理	（1）电气设备检修管理	1）电气设备检修管理知识	（1）方法：讲授法、演示法、实训（练习）法 （2）重点与难点：制定电气设备检修管理方案	2
^	^	^	^	^	2）制定电气设备检修管理方案	^	^
^	^	5-2-2 能进行电气设备维护质量管理	（1）实施电气设备维护质量管理	（2）电气设备维护质量管理	1）电气设备维护质量管理方法	（1）方法：讲授法、演示法、实训（练习）法 （2）重点与难点：制定电气设备维护质量管理方案	2
^	^	^	^	^	2）制定电气设备维护质量管理方案	^	^
^	^	5-2-3 能制定电气设备大、中修方案	（1）制定电气设备中修方案 （2）制定电气设备大修方案	（3）制定电气设备大、中修方案	1）电气设备大、中修方案编写方法	（1）方法：讲授法、演示法、实训（练习）法 （2）重点与难点：制定电气设备大修方案	4
^	^	^	^	^	2）电气设备中修方案实例	^	^
^	^	^	^	^	3）电气设备大修方案实例	^	^
课堂学时合计							220

附录6 一级/高级技师职业技能培训要求与课程规范对照表

2.1.6 一级/高级技师职业技能培训要求				2.2.6 一级/高级技师职业技能培训课程规范			
职业功能模块（模块）	培训内容（课程）	技能目标	培训细目	学习单元	课程内容	培训建议	课堂学时
1.电气设备（装置）装调维修	1-1 数控机床电气系统故障判断与维修	1-1-1 能判断数控机床主轴电气控制线路故障	（1）判断数控机床主轴电气控制线路故障	（1）判断、排除数控机床主轴电气控制线路故障	1）常用数控系统工作原理 2）数控机床主轴系统工作原理 3）数控机床主轴电气控制线路常见故障 4）判断数控机床主轴电气控制线路故障 5）排除数控机床主轴电气控制线路故障	（1）方法：讲授法、演示法、实训（练习）法 （2）重点与难点：数控机床主轴电气控制线路故障的判断、排除	10
		1-1-2 能排除数控机床主轴电气控制线路故障	（1）排除数控机床主轴电气控制线路故障				
		1-1-3 能判断数控机床伺服系统相关线路故障	（1）判断数控机床伺服系统相关线路故障	（2）判断、排除数控机床伺服系统相关线路故障	1）数控机床伺服系统工作原理 2）数控机床进给系统工作原理 3）数控机床伺服系统常见故障 4）判断数控机床伺服系统相关线路故障 5）排除数控机床伺服系统相关线路故障	（1）方法：讲授法、演示法、实训（练习）法 （2）重点与难点：数控机床伺服系统相关线路故障的判断、排除	10
		1-1-4 能排除数控机床伺服系统相关线路故障	（1）排除数控机床伺服系统相关线路故障				
		1-1-5 能判断数控机床检测电路故障	（1）判断数控机床检测电路故障	（3）判断、排除数控机床检测电路故障	1）数控机床检测装置工作原理 2）判断数控机床检测电路故障	（1）方法：讲授法、演示法、实训（练习）法 （2）重点与难点：数控机床检测电路故障的判断、排除	10

续表

2.1.6 一级/高级技师职业技能培训要求				2.2.6 一级/高级技师职业技能培训课程规范			
职业功能模块（模块）	培训内容（课程）	技能目标	培训细目	学习单元	课程内容	培训建议	课堂学时
1. 电气设备（装置）装调维修	1-1 数控机床电气系统故障判断与维修	1-1-6 能排除数控机床检测电路故障	（1）排除数控机床检测电路故障	（3）判断、排除数控机床检测电路故障	3）排除数控机床检测电路故障	（1）方法：讲授法、演示法、实训（练习）法（2）重点与难点：数控机床检测电路故障的判断、排除	10
	1-2 复杂生产线电气传动控制设备调试与维修	1-2-1 能分析多辊连轧机或类似难度的电气控制系统原理	（1）分析多辊连轧机的电气控制系统原理	（1）分析多辊连轧机电气控制系统原理	1）多辊连轧机的结构、功能、运动形式	（1）方法：讲授法、演示法、实训（练习）法（2）重点与难点：分析多辊连轧机的电气控制系统原理	6
					2）分析多辊连轧机的电气控制系统原理		
		1-2-2 能对多辊连轧机或类似难度的电气传动系统进行调试、维修	（1）调试多辊连轧机的电气传动系统（2）维修多辊连轧机的电气传动系统	（2）调试、维修多辊连轧机电气传动系统	1）多辊连轧机电气控制系统常见故障	（1）方法：讲授法、演示法、实训（练习）法（2）重点与难点：多辊连轧机的电气传动系统的调试、维修	18
					2）多辊连轧机的电气传动系统的调试、维修		
2. 电气自动控制系统调试维修	2-1 电气自动控制系统分析、测绘	2-1-1 能分析工业自动控制系统电气控制原理	（1）分析工业自动控制系统电气控制原理	（1）分析工业自动控制系统电气控制原理	1）工业自动控制系统的组成	（1）方法：讲授法、演示法、实训（练习）法（2）重点与难点：工业自动控制系统电气原理分析	4
					2）工业自动控制系统电气控制原理的分析		
		2-1-2 能按控制要求测绘电气自动控制系统原理图	（1）测绘电气自动控制系统原理图	（2）测绘电气自动控制系统原理图	1）电气测量基础知识	（1）方法：讲授法、演示法、实训（练习）法（2）重点与难点：测绘电气自动控制系统原理图	12
					2）电气自动控制系统原理图的测绘		
		2-1-3 能对电气自动控制系统提出技术改进建议	（1）提出电气自动控制系统的技术改进建议	（3）电气自动控制系统技术改进建议	1）四新技术相关知识	（1）方法：讲授法、演示法、实训（练习）法、讨论法（2）重点与难点：提出技术改进建议	6
					2）自动控制系统性能指标		
					3）对电气自动控制系统提出技术改进建议		

续表

2.1.6 一级/高级技师职业技能培训要求   2.2.6 一级/高级技师职业技能培训课程规范

职业功能模块（模块）	培训内容（课程）	技能目标	培训细目	学习单元	课程内容	培训建议	课堂学时
2. 电气自动控制系统调试维修	2-2 工业控制网络系统调试与维修	2-2-1 能分析工厂自动化系统的现场总线组成	（1）分析工厂自动化系统的现场总线组成	（1）分析工厂自动化系统的现场总线组成	1）网络通信基础知识 2）现场总线应用基础知识 3）工厂自动化系统现场总线组成分析	（1）方法：讲授法、演示法、实训（练习）法 （2）重点与难点：工厂自动化系统现场总线组成分析	4
		2-2-2 能分析工厂自动化系统的工业以太网结构	（1）分析工厂自动化系统的工业以太网结构	（2）分析工厂自动化系统的工业以太网结构	1）工业以太网应用基础知识 2）工厂自动化系统的工业以太网的分析	（1）方法：讲授法、演示法、实训（练习）法 （2）重点与难点：工厂自动化系统的工业以太网的分析	4
		2-2-3 能根据要求选用通信设备、器件	（1）选用通信设备 （2）选用通信器件	（3）选用通信设备、器件	1）设备级网络通信硬件配置方法 2）选用通信设备 3）选用通信器件	（1）方法：讲授法、演示法、实训（练习）法 （2）重点与难点：选用通信设备、器件	4
		2-2-4 能选用数据传输介质，对网络进行布线、连接	（1）选用数据传输介质 （2）网络布线、连接	（4）网络布线、连接	1）数据传输介质的选用 2）网络布线、连接的规范与要求 3）网络布线与连接	（1）方法：讲授法、演示法、实训（练习）法 （2）重点：网络布线、连接 （3）难点：数据传输介质的选用	4
		2-2-5 能对工业控制网络上的各节点进行组态、参数配置	（1）组态工业控制网络上的各节点 （2）配置工业控制网络上的各节点参数	（5）组态、配置工业控制网络	1）设备级网络组态方法 2）工业控制网络上各节点的组态 3）工业控制网络上各节点的参数配置	（1）方法：讲授法、演示法、实训（练习）法 （2）重点：工业控制网络上的各节点进行组态、参数配置 （3）难点：工业控制网络上各节点的参数配置	6
		2-2-6 能根据网络通信协议选择各控制节点之间的数据交换方式	（1）选择各控制节点之间的数据交换方式	（6）选择数据交换方式	1）分析网络通信协议 2）选择各控制节点之间的数据交换方式	（1）方法：讲授法、演示法、实训（练习）法 （2）重点与难点：数据交换方式的选择	4

附录

续表

2.1.6 一级/高级技师职业技能培训要求				2.2.6 一级/高级技师职业技能培训课程规范			
职业功能模块（模块）	培训内容（课程）	技能目标	培训细目	学习单元	课程内容	培训建议	课堂学时
2.电气自动控制系统调试维修	2-3 可编程控制系统调试与维修	2-3-1 能用可编程控制器特殊功能块、功能指令对控制程序进行编制、修改	（1）用可编程控制器特殊功能块、功能指令对控制程序进行编制 （2）用可编程控制器特殊功能块、功能指令对控制程序进行修改	（1）编制、修改控制系统的程序	1）特殊功能模块应用方法 2）功能指令的应用 3）用可编程控制器特殊功能块、功能指令编制控制程序 4）用可编程控制器特殊功能块、功能指令修改控制程序	（1）方法：讲授法、演示法、实训（练习）法 （2）重点与难点：用可编程控制器特殊功能块、功能指令编制、修改控制程序	12
		2-3-2 能调试、维修由可编程控制器、触摸屏、传感器、变频器、伺服系统、执行部件组成的多功能控制系统	（1）调试由可编程控制器、触摸屏、传感器、变频器、伺服系统、执行部件组成的多功能控制系统 （2）维修由可编程控制器、触摸屏、传感器、变频器、伺服系统、执行部件组成的多功能控制系统	（2）调试、维修多功能控制系统	1）分析多功能控制系统的组成、工作过程 2）调试由可编程控制器、触摸屏、传感器、变频器、伺服系统、执行部件组成的多功能控制系统 3）维修由可编程控制器、触摸屏、传感器、变频器、伺服系统、执行部件组成的多功能控制系统	（1）方法：讲授法、演示法、实训（练习）法 （2）重点：调试多功能控制系统 （3）难点：维修多功能控制系统	18
		2-3-3 能设置可编程控制器之间、可编程控制器与其他智能设备之间的通信参数	（1）设置可编程控制器之间的通信参数 （2）设置可编程控制器与其他智能设备之间的通信参数	（3）设置可编程控制器与智能设备之间的通信参数	1）计算机通信知识 2）串行通信基础知识 3）设置可编程控制器之间的通信参数 4）设置可编程控制器与其他智能设备之间的通信参数	（1）方法：讲授法、演示法、实训（练习）法 （2）重点：可编程控制器之间、可编程控制器与其他智能设备之间的通信参数设置 （3）难点：可编程控制器与智能设备之间的通信参数设置	8

续表

2.1.6 一级/高级技师职业技能培训要求				2.2.6 一级/高级技师职业技能培训课程规范			
职业功能模块（模块）	培训内容（课程）	技能目标	培训细目	学习单元	课程内容	培训建议	课堂学时
3. 培训与技术管理	3-1 培训指导	3-1-1 能制定培训方案	（1）制定培训方案	（1）制定培训方案	1）培训方案制定方法 2）培训方案实例	（1）方法：讲授法、演示法、实训（练习）法 （2）重点与难点：制定培训方案	2
		3-1-2 能对本职业二级/技师及以下人员进行理论培训	（1）对本职业技师及以下人员进行理论培训	（2）理论培训	1）理论培训教学注意事项 2）实施理论培训	（1）方法：讲授法、演示法、实训（练习）法 （2）重点与难点：实施理论培训	4
		3-1-3 能对本职业二级/技师及以下人员进行操作技能指导	（1）对本职业技师及以下人员进行操作技能指导	（3）技能指导	1）操作技能指导注意事项 2）实施操作技能指导	（1）方法：讲授法、演示法、实训（练习）法 （2）重点与难点：实施操作技能指导	4
	3-2 技术管理	3-2-1 能编写电气控制系统安装工艺、验收方案	（1）编写电气控制系统安装工艺 （2）编写电气控制系统验收方案	（1）编写电气控制系统安装工艺、验收方案	1）安装工艺编写方法及实例 2）设备验收报告编写方法及实例 3）电气控制系统验收方案编写方法及实例	（1）方法：讲授法、演示法、实训（练习）法 （2）重点与难点：编写电气控制系统安装工艺、验收方案	4
		3-2-2 能对工艺线路、控制方案等提出优化建议	（1）对工艺线路提出优化建议 （2）对控制方案提出优化建议	（2）工艺线路、控制方案的优化建议	1）工艺线路、控制方案的优化措施 2）对工艺线路提出优化建议 3）对控制方案提出优化建议	（1）方法：讲授法、演示法、实训（练习）法 （2）重点与难点：对工艺线路、控制方案提出优化建议	2
		3-2-3 能对技术改造项目进行成本核算	（1）核算技术改造项目成本	（3）技术改造项目的成本核算	1）项目改造成本核算方法 2）项目改造成本核算实例	（1）方法：讲授法、演示法、实训（练习）法 （2）重点与难点：核算技术改造项目成本	4
课堂学时合计								160